文經文庫 317

開關人生

圜達公司創辦人 林錫埼◎著

文經社
Taiwan

COSMAX
PUBLISHING Co.
Since 1981

自序

開關一念間

林錫埼

有人問我：「你這一生中最重要的三樣東西是什麼？」

我的答案是：「第一是開關，第二是開關，第三還是開關。」

這三十年來，我全心投入電子開關的研發、製造與銷售。開關與我們生活息息相關，但一般人卻常常忽略了「它」的存在。

我們所享受的現代化便利生活，大多來自與電有關的相關產品。每個電器都至少要有一個電源開關。開了就讓電源接通，關了就不能夠使用。

就連一支小小的手機，裡面都會有好幾個開關。有些開關是你看得到、能操控的；有些卻要在進廠維修時，工程師或技術員才看得到、懂得如何操作的。

因此對三C產品而言，這些微小、精密、安全與耐久的開關，就像空氣與人的關係一樣，你看不見它時依舊需要它。

其實何止是電器，我們身上的每一個器官，也都有一個或是一組很精密的開關。

心臟的瓣膜是開關，負責血液的進出；肝臟的瓣膜開關，負責排出毒素、儲存肝醣；肺臟負責空氣的進出。每一個器官甚至肌肉骨骼的運轉，無一不需要開關控制。

再深入一點，其實我們生理上的各種反應，像是流淚、咳嗽、吐痰、發燒、嘔吐等等，也都受到開關的控制。開關有了問題，輕則生病，重則死亡。誰能說開關對你不重要呢？

•

「開關」最狹義的解釋，是電器用品上可以使電路開路、使電流中斷或使其流到其他電路的電子元件。

電器的開關會有一個或數個電子接點，接點的「閉合」（closed）表示電子接點導通，允許電流流過；開關的「開路」（open）表示電子接點不導通形成開路，不允許電流流過。

「開關」較廣義的解釋，是指生理上的某些功能。但電器開關與人體生理上的開關，最大的差異就是電器開關必須讓人操作或下達命令操作。一盞燈，開了就亮，關了就暗。不亮，我們就無法工作；不暗，我們就無法休息。要開要關，就在我們一念之間。

我們的人生又何嘗不是這樣？我們的每一個念頭，其實也都是一個開關，要開要關，決定權是在自己。你按下的是開，或按下的是關，結局也必然不同。因此，每個人心裡的想法，就是最廣義，也是最複雜的開關。

我今年六十歲，傳統用天干地支紀年，每六十年一個輪迴，俗稱就是一甲子。

如果把我這一甲子的歲月區分成兩階段，大致說來，前三十年我是處在「關」的狀態。後三十年開始創業，踏進製造與販賣電子開關這一行，創設了「圓達公司」，讓我得以處在「開」的狀態。

•

我的父親生於日據時期，原本是一位日本料理師傅，後來自立門戶，在台北縣三重鎮（新北市三重區），經營明芳食品工業廠。廠房在樓下，我們全家就住在樓上。

有記憶以來，家中總是很熱鬧，員工進進出出忙碌著，川流不息的則是上門來買東西的客人。

我是長男，上面有三個姐姐，也就是說，父母是在連生三個女兒之後才生下我，可想而知，我的出生是家中多麼大的喜事。

我也是家族裡的長孫，爺奶叔嬸都住在附近，從小在眾多親人的寵愛中長大。出生後不久，依照習俗，父母請算命先生替我算命，他看了我的生辰八字後就說：

「這小孩一輩子衣食無缺。」

小時候我的頭特別大，於是長輩們都叫我「大頭」，成了我的小名。在農業時代小孩出生頭很大，就預表他的命很好，俗話說的「大頭家」就是這個意思。在成長過程中，還是經常聽長輩說我的命很好。

二十五歲我訂婚前，父親帶我去一間老字號西服店訂做西裝，老闆是一位從上海來的老師傅，他的手藝了得，閱人無數，找他做西裝的名人貴客非常多。

他幫我量完身長、肩長、肚圍，用雙手摸遍我的全身後，忽然對父親說：

「你這孩子這輩子衣食無缺。」

儘管常聽人這麼說，但我卻從未因為「衣食無缺」這四個字而感到驕傲。沒錯，我確實出生在一個比起同學來說，算是相對寬裕的家庭，從小得以不愁吃穿，但我卻無法感受到一個人一輩子「好命」會有什麼好？

青少年時，我不想順從父母親的安排，但似乎又沒什麼勇氣抗拒，就只好繼續這樣「好命」下去。

•

人生的變化很奇妙，在我創業之前，先經歷了五次生死大關，與死神擦身而過，讓我領悟「活著真好」。

身為長子，本來應該由我繼承父親的事業，卻因為一次嚴重的車禍差點殘廢；從中興大學經濟系畢業後，我進入與家中素無淵源的觀光飯店任職七年，再轉業創立與家庭或原來工作都毫無關聯的電子開關工廠，公司一切從零開始。

圓達成立至今三十年來，不曾向銀行貸款。如今我們所生產的程式開關，產量已是全球第一；輕觸開關是全球第三。創業初期我曾罹患「恐慌症」十多年，最後卻不藥而癒。

這些在旁人眼中像是「奇蹟」的經歷，也就是我堅持生命要由自己掌控，要活出自己，讓此生沒有遺憾的最大動力。

會花時間來寫本書，不是要談那些外人看得見或是羨慕，甚至是媒體喜歡歌頌的什麼豐功偉業，而是想藉這本書，與大家一起來分享改變我人生的十八個觀念。

對我來說，這十八個觀念，就是改變我人生的十八個開關。開了，電流就能通過，人生也就有了動力。

會有這些「開關」，靠的也就是發生在我身上的各種經驗，無論當下我是喜歡，或是厭惡；是喜是悲都已成了過去，但留下的則是這十八個足以帶給我啟發的觀念。

我想跟我身邊的親人、同事、朋友，甚至是每一位讀者，一起分享這些年來我是怎樣找出並且打開這些開關的。

你呢？你的生命裡有哪些「開關」？願你也能與我一樣，找到它，繼而打開它。

目次

樂當別人的貴人

「心中無缺則富，讓人需要則貴」。
成功不是看你贏過了多少人，
是看你幫助過了多少人。

命理師常對人說：「你今年行大運，升官、發財、逢貴人」等等的。升官發財當事人一定知道，但逢貴人就不一定了。而且就算遇到貴人的當事人知道，但貴人自己卻渾然不知，無意間的一句話、一件事，往往就能改變別人的一生。

家境小康，又是家族裡的長子、長孫，照理說我會有個幸福童年吧？其實不然，在求學的過程中，我不曾因為家庭背景，在學校裡就能免除老師對我的「特別」照顧。看過漫畫《哆啦Ａ夢》的讀者，想像一下那個沒有哆啦

A夢的大雄，在班上會是個什麼樣子，就會了解童年時的我為什麼會不快樂。反應慢、畏縮自卑的小孩，在今日少子化的環境裡，日子還不至於太難過。但一九五五年出生的我，就是戰後嬰兒潮裡的第一批，一九六〇年進小學時，一班都是五、六十人，而且因教室不夠，還分上午班與下午班。

更麻煩的是當時台灣還沒實行九年國民教育，國小畢業後要升上初中，必須經過很激烈的聯考。在教育資源匱乏的年代，為了讓學生能考到好學校，小學開始就要不斷的考試，老師則是不停的體罰。因此十八歲以前的我，是個很不快樂的少年。

我是那種比較晚熟的孩子，印象最深刻的是小學二年級時學到「雞兔同籠」，心裡還好奇的想：「為什麼不同的動物要關在一起？」

還有一次，老師出了一道題目：「出去旅行時要帶手錶，還是帶鐘？」我回答：「要帶鐘。」她對於我的回答感到不可思議，於是走到我的面前，彎下腰問我：「鐘那麼大，你怎麼帶？」面對老師的詢問，我愣愣地不知該如何解釋。從這兩件事可以看出，當時的我是有點傻乎乎的。

因為初中要考試，當時三重鎮的三光國小，升學率雖不及台北市的明星學校，但還是比附近農村的國小高，所以開學後，仍有學生陸續插班進來，每班的學生人數都太多，教室無法容納，學校只好增班。

重新分班時，我被分到最後兩班之一的第十三班，代表我在全校的成績排名，是從後面數過來比較快看到的那一類。但我那時並不在意，只要作業都能寫完，符合父母的最低要求就可以了。

在那個年紀，我只關心玩樂，為了爭取更多時間和同學玩尪仔標、打陀螺、彈珠等，甚至利用下課十分鐘快速寫完功課。生活中似乎就只有玩，日子過得很快活。

一句話的貴人

小學三年級時的導師葉文美老師，是我生命中的第一位貴人。她用一句勉勵的話，就改變了我的一生。她教學認真且嚴厲，經常處罰學生。因為害怕被打，我這時才收起玩心，認真讀書。

名次本來都在全班倒數前幾名的我，在葉老師的嚴格教導下，成績突飛猛進，有一次月考竟然考到全班第六名。我覺得自己的表現很好，因此被叫到講台前，聽到她要我舉起手時，還以為會得到什麼獎品。

結果啪啪啪的熟悉聲音，又傳到了我的耳邊，如果不是痛覺傳到大腦，我還不敢相信挨打的竟是考第六名的我。葉老師拿起藤條用力打著我的手心，邊打邊說：「你錯在答題時太粗心，不該錯的地方反而錯了。如果你再用心一點，應該是第一名的啊！」

在那一刻，手很痛，心卻很溫暖，因為我認為葉老師是在鼓勵我。這時我也才發現，原來自己是可以考出更好的成績，但卻錯在不夠細心。過去成績很差時，向來都認為自己與第一名無緣，葉老師的話讓我頓悟到「用心」的重要性。

儘管當時年紀小，對這些教誨很懵懂，但我心裡確實起了某些化學變化。在「打的教育」下，我的成績進步很多，小學四年級時就已當選模範生了。葉老師不但是我在知識上的啟蒙者，更是我生命中的第一個貴人。

上大學後，有一天從三重搭公車到學校的路上，和葉老師巧遇，我站起身來向她問好並讓座，並自我介紹說，曾經是她的學生，現在就讀於中興大學。雖然她已不記得我了，但看到我身上土黃色的卡其布大學服，對於自己的學生日後能考上一流學府，從她臉上我看到了欣慰與光榮的表情。

每個人的生命裡，只需要一個人，在適當的時刻說出一句鼓勵的話，就可能改變這個人的未來。作育英才的老師們，請不要吝惜鼓勵，即使是在責罰時，鼓勵的話也絕不可少。

一件事的貴人

「聽說班長很兇耶！」

「對呀！」

「班長？班長有什麼了不起！我小學也當過班長！」

「對啊！」

這是台灣最有名的軍教片《報告班長》裡，兩個新兵的經典對白，早已成為台灣成年男性共同的回憶。可見大多數人的刻板印象就是這樣，小學時當班長很容易，但我的經歷卻完全不同。讀大學之前，別說沒當過班長，班上任何跟「長」有關的幹部頭銜，幾乎與我都無緣。

在高中以前，我一直不是個搶眼、活躍的學生，老師對我沒印象，同學也是，我像是有隱身術的忍者，大家都看不到我。即使初中畢業時拿到全校第一名了，但從沒幻想過有一天會當上班長。

我的個性很低調，在公開場合更容易害羞，因此向來也不喜歡引人注目。但上大學後，卻意外改變了我的個性，讓我有機會走到台前，發現了潛藏在自己性格裡的天賦，這就要從我的另一個貴人說起。

在戒嚴時代，大學聯考放榜後，考上大學的男生不是立刻註冊入學，而是要去台中的成功嶺，接受為期六周的大專集訓。雖然大家戲稱這是戰鬥營，稱我們是大專寶寶，但相對於今天一切照表操課、照表休假的新兵入伍訓練，還是嚴格多了。

在那六個星期裡，一連有一百多個同學，來自全台各地，因為訓練很嚴格，彼此之間根本沒機會交談。直到訓練結束後，我們搭著軍方承租的鐵路平快車，從台中分別南下或北上，才遇到了我人生的另一個貴人。

這種搭載軍人的列車，讓我有機會與其他一起生活六周的同學聊天。有個與我同一連的同學，我們聊天時才知道，原來他也考上了中興大學經濟系，未來我們將同窗四年。

大學時的新生訓練，依照慣例，每個人都要上台自我介紹。輪到我時，我說：「大家好，我的名字叫林錫琦，綽號叫『希奇』，大家就叫我希奇吧！」同學們聽了都覺得很好玩，因為那時大家互相都不認識，我的綽號很好記，讓他們印象深刻。

到了選班代表時，大家誰也不認識誰，要怎麼提名呢？那位在火車上遇到的同學，不知為何就提名我，加上同學們剛才已對我的名字有了印象，結果就這樣莫名其妙的被選上了。

當班代表，要有夠高的服務熱忱，還要有更高的ＥＱ，因為大學不比中、小學，大家各選各的課，即使同班也不見得每節課都在一起。那年代別說沒手機、沒通訊軟體，宿舍裡沒電話分機，連家裡都不見得一定有裝電話，要連絡通知比今日麻煩多了。

我這樣每天在學校忙進忙出，沒功勞也有苦勞，沒苦勞也有疲勞，因此得到高年級學長的賞識。大二時，學長推薦我當系學會康樂股長，負責舉辦系上活動。我當牛就是個牛樣，當馬就是個馬樣。當康樂股長就要做個「玩」人，讓大家都來玩，而且要玩得很開心。

我很努力的籌劃每個活動，讓同學們都能玩得盡興。大三時更進一步在學長及同學們的推薦下，參加了經濟系學會理事長競選，說實在的，從來都沒想過自己會參選。但是既然大家都認同，也支持我，讓我沒有理由拒絕，決定接受挑戰。

當時，同學還熱心的幫我畫了一幅素描，畫中的我戴著一副黑框眼鏡，理著西裝頭，看起來一副書卷氣質，跟我當康樂股長時的「玩」樣，似乎已脫胎換骨了。

在競選理事長時，我製作一張宣傳單，用原子筆端正地寫著：「我願像那鵬鳥展翼，飛向藍天白雲，且讓我們攜手並進，邁向康莊里程。理事長候選人林錫埼鞠躬」。在同學們的支持下，順利的當選了理事長。

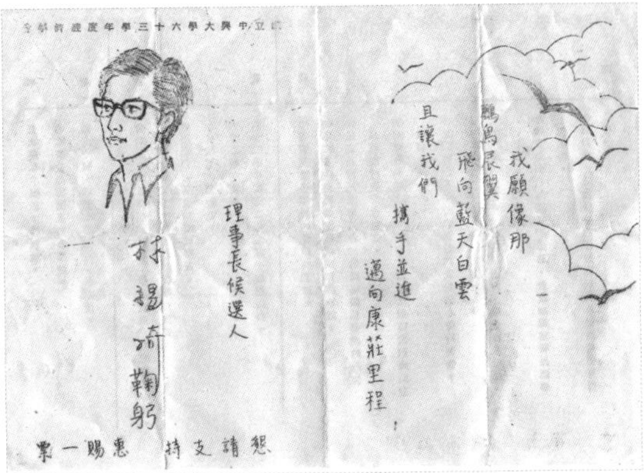

1974年參選中興大學經濟系學會理事長，同學熱心的幫我畫了一幅素描，畫中的我戴著黑框眼鏡，理著西裝頭，一副書卷氣質，跟我當康樂股長時的「玩」樣，似乎已脱胎換骨了。

成功嶺上與同袍合影（我在右邊）。大學新生入學前，必須先受六周的軍訓。雖然大家戲稱這裡只是戰鬥營，稱我們是大專寶寶，但比起現在的新兵入伍訓練，還是嚴格多了。

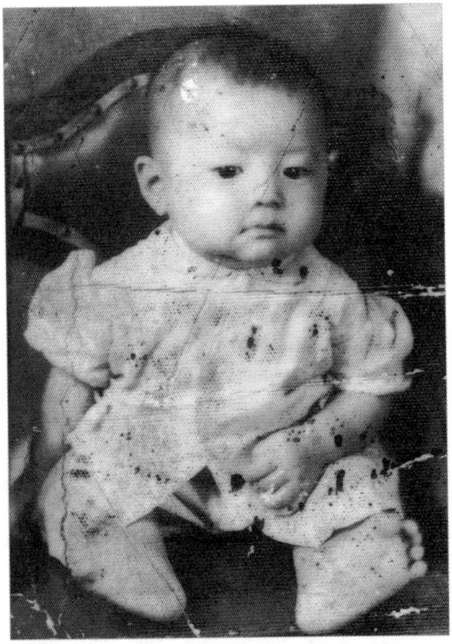

作者四個月大時所攝。1950年代台灣衛生條件不好，很多嬰兒早夭，家長往往都等幾個月後才報戶口。像我證件上生日是4月下旬，但實際上是雙魚座（差了近兩個月）。

一個羞澀的鄉下小孩，從小就沒當過班長，卻從大學起有了改變，我心裡始終感謝這位成功嶺的同袍。

職場中第一位貴人

至於在職場中遇見的第一位貴人，是日本人。三十年前我剛投入開關業時，日本已是開關的製造和研發大國，為了爭取日本訂單，我毛遂自薦，幸運的遇到了他，圓達製造開關的技術才獲得突破性的發展，並向自動化邁進。

剛創業時，我們主要的銷售市場在德國及歐洲，但技術觸媒則是在日本，它可說是公司製造技術的啟發者。當時的亞洲四小龍包括台灣、韓國、新加坡與香港，其中新加坡與香港曾被英國殖民，因此在金融及文官體制上建構得較好，現在也以此擅長；台灣與韓國曾被日本殖民，因此在製造業和重工業都比較強。

日本人的個性一板一眼，做事情很扎實，有一種「既然要做，就做到最好」的精神，對任何事情全力以赴、徹底落實的個性非常鮮明，也就是「匠（Takumi）的精神」，意即永無止境的追求完美。日本人的這種性格非常鮮明，簡單說就是「工程師性格」，很適合發展製造業，但在變通性和靈巧度等方面就差了些。

「程式開關」是美國人發明出來的產品，二次世界大戰剛結束時，美國是全球經濟的霸主，吸納來自全世界最優秀的人才，研發實力相當強。

美國研發開關這項產品後，最初是在國土內生產，後來受到人力成本高漲的影響，到了一九六〇至七〇年代，逐漸將在國內缺乏競爭力的產業轉移到日本生產。

日本比台、韓更早一步接受美國製造業轉移，其中也包括程式開關。圓達投入開關產業時，在國際上同類型的公司大約有七十至八十家，其中約有四十到五十家在日本，約占三分之二。

若想要進軍國際市場，勢必會遇到來自日本的競業廠商。當時，我看好在台灣的生產成本較日本更便宜，技術上雖然無法與其匹敵，但可以用代工等方式展開合作。我經常翻閱《Asian Source》雜誌，看到約三十家日本廠商在上面刊登廣告，於是我用 Telex 打字（電報或電傳打字機），一家一家的毛遂自薦。

在信裡，我表明公司在台灣做的這項產品，可以「委託代工」（OEM, Original Equipment Manufacturer），由日本提供零組件在台代為組裝完成後，再回銷日本；或者「設計加工」（ODM, Original Design Manufacturer），由圓達代為生產、設計、製造產品，最後打上貴公司商標等極為彈性的合作模式。

在那個年代與國外客戶聯絡必須透過電傳打字（Telex），就在料帶上打上簡碼，字越少越省錢。當時國際電話傳輸費用很昂貴，就有約定成俗的文字，例如 You 寫成「U」，Tomorrow 是「TMRW」，For your information 是「FYI」，As soon as possible 是「ASAP」。

當時因公司只有我一個人懂英文，便由我來學這套打字方法。為了開拓海外業務，我在公司裡的工作經常是打 Telex，再一家一家的發文，但傳出後都是石沈大海。

兩個多月後的某一天，忽然接到日本一間松久（MATSUKYU）公司回信，他們有一位業務代表星先生，剛好要來台灣出差，對於我在信中提出的合作案很感興趣，希望能親自來工廠了解看看。

那時日本經濟在戰後逐漸復甦，工資成本逐步高漲，對外貿易順差（尤其是美國）越來越大，在美國逼迫下，日幣大幅升值，製造業的成本被墊高，逼得他們開始向海外尋找代工的可行性。曾經被日本殖民，也以製造業擅長的台灣，就成為他們向海外採購產品的選擇之一。

星先生來台後，我邀他來三重參觀當時仍然非常簡陋的工廠。他知道我會說日文後很開心，加上年紀相仿，距離一下子就拉得很近，聊得也頗為投緣。

初步談完後，他很有興趣和我們合作，後來又邀他日本的主管來看我們的工廠。他們評估，雖然圜達的工廠很簡陋，但仍可能有機會替他們代工。在合作之前，星先生熱情地邀我先到日本參觀松久的開關工廠。

我很感謝星先生的引薦，讓我們在創業初期，就打開了開關的技術大門。若不是他，我也不會這麼早就摸索到開關製造的核心，也無法開發出更高階的開關產品。

剛入行時，我們做的是最低階的開關，就是長約〇點四到三點二公分，寬約一公分，外殼為紅色的入門開關。在松久工廠參觀時，他們不設防的讓我們看完低階產品的製程。因為這項產品的技術門檻較低，我們以往是用自己的想法摸索製程。

參觀日本的開關工廠，無異是打開一道知識的大門，讓我了解到原來我們的做法沒有錯，用土法煉鋼的方式，竟然也掌握到六、七分的製程。透過參訪，還可以進一步領悟尚有哪些製程步驟，可以再進一步改善。

同時間，我們已開始開發中階產品，但是對於最關鍵的製程仍然摸不著頭緒，原本期待透過參觀松久工廠，可以茅塞頓開。

沒想到日本人還是留了一手，製程都開放參觀，唯獨跳過最重要的核心自動化部分不讓我們看，讓我們傷透了腦筋，因為這才是最想要了解的技術精髓，也是亟思突破的關鍵製程，卻不得其門而入，即使後來很有技巧的詢問，他們也不透露半點。

與日本人第一次接觸，感受到這個民族的人做事極其小心、謹慎、保守。個性也很務實，例如眼前有座石頭做的橋，你告訴他這是石橋，他還是不放心，會在過橋前拿一根枴杖敲敲看，確定材質堅不堅固？但就算堅固，也不見得會走過去，還是會猶豫不決。這就是我們和這家公司的交流狀況，儘管一年多往返頻繁，最後並沒合作，非常遺憾。

然而，在過程中，我卻獲得千金難買的經驗，前後三次參觀松久工廠，抓到了做開關的要領，再加上進一步訪談和用心揣摩，有一天終於連貫起全部製程，找到做中階開關的竅門。

儘管過程中的摸索相當辛苦，不過，這件事是隨著越看越多，拉高眼界層次，以及每一次的用心推敲，自然就能得到結果了。

星先生在一年多後離職，和松久公司的合作也中斷了，但我一直沒有忘記這位當年才二十多歲，未婚，帥氣又嚴謹的年輕小夥子。若不是他，圓達無法進入日本製造開關的工廠參觀，進而摸索到技術，這件事對我們而言，實在是有很大的幫助。

當時公司成立不過幾年，對於一切事物都還在懵懵懂懂的狀態，他的出現，不啻是老天派來的貴人。

後來，我們失去了連絡。我尋尋覓覓多年，直到二〇一三年，不斷地在業內打探，才像大海裡撈針似的找到了他，並邀請他們夫婦專程來台灣一遊。

他的熱心讓我明白：「心中無缺則富，讓人需要則貴」。成功不是看你贏過了多少人，而是看你幫助過了多少人。因此我常鼓勵年輕人，在生活中要時時留意周遭，樂當別人生命裡的貴人。

留點名聲給人探聽

「人情留一線，日後好相見。」
離職前不妨：
等一等，看一看，想一想。

現在中小學實施「零體罰」政策，但在我的童年裡，體罰卻很常見。不過體罰也分兩種，前面提到的葉老師是恨鐵不成鋼而打，學生受益良多；但這裡提到的林老師，卻是沒原則而打，學生受害又無處可訴。

初中入學考試的勝敗關鍵，在於小學五、六年級。不幸的是，我班上的導師林老師情緒常失控，他要求每位學生放學後留下來補習，每個月繳交五十元補習費，這在當時是個不小的數字，家境較差的同學根本繳不出來。沒補習不但考試成績不會好，還會被打得更慘。

那段時間他家正好在翻修，他把附近幾家的整修工程全包下來了，每天忙著監工，根本無心教學，卻又非常需要這筆額外的「學費」，因此才會不斷體罰，逼學生加入課外惡補。

林老師打人時下手很重，總是按照考試成績高低，來打學生身體的各個部位，例如手心、手背、腳後跟、後腿、腳指尖，直到大腿及頭部，尤其是手背、腳指尖等這些肉很少的部位，一被打，個個都是痛得哇哇大叫。尤其是那些沒參加課後補習的同學被打得更慘，小孩子很難忍受這麼重的「酷刑」。

雖然我挨打的次數不多，但聽到同學被打時悽慘的叫聲，恐懼仍深埋在我幼小的心靈裡。每天不得不去上學，但到了校門口，就像要跨進鬼門關。印象中那兩年，頭頂上總有一片陰魂不散的烏雲，回憶中的童年永遠就是灰色。

由於林老師將全部心思放在自家整修工程，上課並不認真，還經常放我們自習，自己逃回家去。小學最後兩年，同班同學們的成績都變得很差，面對即將來到的台北市立初中聯招，自然是毫無自信。到了聯考前，我很不安，果然一考完，也就知道凶多吉少了。

放榜那天，父母還很有信心，以為我是班上的前幾名，就算考不上第一志願，前面幾個志願應該沒問題，因此父親興致勃勃、穿戴整齊去看榜。但他們仔細的將榜單從頭看到尾，沒看到我的名字；不相信，再從尾看到頭，還是沒看到。

我，名落孫山，成績差到別說是成淵、大同等名校沒份，連最差的萬華初中夜間部也沒考上，非常丟臉。

榜單發布那天，我羞愧的躲在房間裡，哭得很傷心。白白挨打了二年，卻沒有任何一所公立初中肯收留我，相對於後來的高中聯考、大學聯考與預官考試，這是我求學階段唯一一次的落榜。

只要是團體，就需要管理；只要是管理，就免不了獎懲。擁有權力者不能只獎不懲，但懲罰也必須要有節制，也要有客觀的標準，最重要的是被罰者能否能因此得到教訓與啟示。打或不打，都不一定能成器；但我相信：亂打的結果，一定無法成器。

小學五六年級時遇到的這位老師，讓我終生警惕，在職場裡要有點分寸。從事任何工作，都該有個最低標準的職場倫理，那就是台語俗諺說的「留點名聲給人探聽」。

對手是刺激我們進步的動力

在圜達三十年的奮鬥史裡，我遇到三次員工嚴重違反職場倫理的傷心事，我就稱呼他們A、B、C三位先生吧！

圜達成立後，除了第一年外，往後每年業績都呈直線上升。因為我們認真、專注提升技術能力，以及積極開拓海外市場。剛開始，工廠所做簡單的組裝，沖壓、射出等半成品，都是與外包廠商合作。但在《EPN》刊登廣告後，不斷接到德國訂單，廠房也開始熱鬧了起來。

為因應逐漸成長的訂單，需要招聘更多的員工，並經常需要加班，一九八〇年代只要在報紙上刊登一個小小的廣告，就會吸引許多人來面試。我們的產品積續很小，需要年輕、眼力好的員工，工廠附近有一間穀保中學，讓我們得以招募一群夜校生。

生意好，廠房每天進進出出的貨車非常忙碌，有時來送貨，有時是出貨。工廠外是一條八米寬的巷子，對面有一家做模具的工廠，老闆看到我們每天進進出出的貨車，很好奇，到底我們是做哪一行的，生意怎麼這樣好。他多方打聽後，知道我們做的是開關。眼見我們生意好，竟打起也跟著來做開關的念頭。

有一天，一位進公司一年左右的研發助理工程師Ａ先生離職了，他負責的工作內容是將研發主管畫好的設計圖發包出去，就在他離開公司後的一、兩個月內，送貨兼業務、生產線的夜校生紛紛提出辭呈，連為員工煮飯的歐巴桑（阿姨）也離職了。原本工廠約有三、四十名員工，只剩下不到二十人。

事情剛發生時，我們還沒有意識到出了什麼事，只忙著找人、補人、訓練新員工。後來才知道，這些員工都是被對面公司的模具廠老闆挖走，他們另外成立一間公司，生產一模一樣的開關，幫他挖人的就是這位Ａ先生。更糟的是他將開關的產品圖面，全帶去新公司了。

創業初期我們的營業額不高，只請了一位送貨兼業務的員工，也被他挖走了。送貨時的出貨單，裡面詳實的記載著客戶名稱、聯絡人電話、出貨數量、單價、產品規格，以及訂單金額，還包括客戶多久向我們下單、付款方式、票期等等。模具廠老闆將這些人挖走，等於是全面掌握我們的所有業務機密，而且一件都不少。

更過分的是，員工連工廠內簡單的製具都偷走，並且幾乎是在工廠附近複製一條一模一樣的生產線。那位老闆的本業做的是模具，實力還在我們之上，面對員工如此徹底的背叛，我幾乎無法承受。

他對我們瞭若指掌，我們卻完全搞不清楚狀況，在敵暗我明的狀況下，他搶走了不少訂單。尤其是在掌握我們的價格後，也找同一批客戶，以更低廉的價格搶單。那段時間我們不斷地接到客戶抱怨價格太高的電話，要求我降價，在這種刻意壓低價格的競爭下，幾乎是被打得體無完膚。那時台灣市場約占營業額的三、四成，一下子幾乎失去所有台灣的客戶。

當時我剛創業，年紀也才三十出頭，從上班族變成老闆，根本沒料到商場上的競爭竟如此險惡，而且敵人就在工廠對面，開門做生意就四目對望，員工上班時也只是向左轉或向右轉而已，根本沒有差別，他們都是受到高薪誘惑。

這間工廠的老闆為了挖人，開出極為優渥的條件吸引他們，例如業務加薪五成，公司還提供一台轎車；服務超過某個年限，車子就過戶給你。當時轎車是非常稀罕的交通工具，挖角時很有吸引力。跳槽的作業員加薪三至五成，在煮飯歐巴桑的慫恿下，一票工讀生立刻被挖走。

在那段難熬的日子裡，每天上班時，心思都花在忙著應付客戶的砍價、培養新人。幸好那時工廠以外銷訂單為主，不致於被對手一刀斃命。

不久後，離職的業務回到公司，哭著問能否再收留他，才全盤托出事情的原委。這位業務的背叛，對我們帶來近乎毀滅性的傷害，因為我們不但在短時間內幾乎失去所有台灣的訂單，還要向客戶解釋價格等問題，我當然不可能讓他回公司。

原來對方高薪挖角的目的，是希望能在最短的時間獲取圜達所有的商業機密，因而事先做出許多承諾，例如業績達成目標後，會和員工分紅，但到實際要分紅時，卻又不願兌現。當這些背叛我們的員工失去利用價值，蜜月期一過，便一腳將他們踢開。

然而，我也深信只要提供比對手更好的服務，對每一個出貨的產品負起責任，一定能讓客戶回頭。一段時間過後，圜達沒有被打垮，客戶也慢慢的回流了。

相反的這位黑手出身的老闆沒有遠見，東西只求賣得出去，根本不在乎品質好壞，加上服務無法到位，答應客戶的事沒辦法做到，就只能炒短線。這類競爭者的出現，讓我更加明白一件事：必須專注追求自己的核心價值，從品質、價格、交期和服務這四個方向深耕市場。

兔死狗烹、鳥盡弓藏，在職場中勞資雙方是怎麼聚的，也就會怎麼散。A先生與新公司的蜜月期一過之後就被冷凍。後來A先生出去創業，做的同樣是開關，他的跳槽與創業，讓圜達在市場上忽然多了兩家對手，但他們的技術層次仍停留在原地，我們卻進階好幾版了。

其實任何行業都免不了競爭，因為市場變化太快，你永遠不知道競爭者在哪裡，尤其是面對惡劣的競爭。然而，與其去在意這些，不如用心的將事業本質做好，例如想方設法提高產品品質，不停歇的向日本、歐美取經，積極開發國外市場，對手是刺激我們進步的動力。

下台時的背影更重要

第二次遭到員工背叛，是在廠內成立塑膠射出部門時，請來一位四十歲的老師傅。他只有國小畢業，很早就到社會工作，早期台灣工廠都是這種學徒出師的土師傅。在他的既有觀念裡，機台就是拿來用的，不需保養，用這種態度做出來的產品，品質當然無法穩定。

沒過多久，他自恃技術很好，竟帶著底下的徒弟們離開，而且就在公司樓下開了間射出工廠，一下子圜達的塑膠部門鬧空營，讓我們很難堪。但他不重視品質，果然不久後就垮了。他還因周轉不靈，想要向我借錢，讓我啼笑皆非。

老師傅離開後，我們找了一位專長是設計模具的B先生，擔任剛成立不久的射出部門主管。因為公司內沒有人懂，在技術上很信賴他，因而提供很好的待遇。

但三年後Ｂ先生又被高薪挖角。當時圜達的射出部門還在建置中，為了能製作塑膠射出產品，我們不但自日本購入高價模具，更經常派人到日本學習，投入的金額不計其數，為的就是能夠做出圜達要的規格。在台灣中小型工廠裡，必須仰賴有經驗及技術好的師傅協助，實在承受不了技術人員的流失。

Ｂ先生想離職前，我為了表達誠意，親自到他家拜訪，從晚上八點談到隔天凌晨六點，他仍不為所動，堅持要走。我建議他用請假的方式去新公司做看看，如果覺得那裡的環境真的比較好，再回來遞辭呈。但若與期望有落差而想回來，就當作是銷假上班，這對雙方都是進可攻、退可守的方案。

Ｂ先生答應了，沒想到才去新公司三天，就回來說要離開。既然他堅持要走，我退而求其次，希望他自己走就好，不要連屬下也一起帶走，他答應了。但一周後，部門裡三位技術較好的人員也相繼離職，只留下一個技術不太到位的同仁。

這件事讓我很傷心，好歹我已誠心誠意的拜託他了，至少也等到我們口頭約定的一個禮拜後再走。另外，他雖答應不連屬下一起帶走，卻將信用踐踏在腳下。

事已至此，我們只好重新出發，拉拔留下的人，再招募新員工，繼續研究射出技術。半年後，唯一留下來的那位員工在會議中問我，他聽說Ｂ先生在外面放話說要回來「拯救圓達」。原來Ｂ先生去那裡不久，人家覺得他做得不是很好，因此待不下去了。

Ｂ先生事先不照會我，還想以「救世主」的姿態回公司擔任主管。這位當初留下來的員工，心中很不舒服，因此質疑我是不是要讓Ｂ先生回來？我很堅定的告訴他：「Ｂ先生背信在先，站在公司的立場，沒有任何理由再信任他。」

後來，Ｂ先生陸續來找我三次，表達想要回來的意願，我都沒有答應。就算他的技藝高超，我也不可能再任用他。

經營事業看的是長遠，若連如此徹底背叛公司的人，都能夠再回來，日後如何面對留下來打拚的員工？對經營者來說，提升技術固然重要，但卻可以慢慢來；對員工的信任一旦失去，就再也無法挽回了。

拒絕Ｂ先生回來圓達，不是因為記恨，而是道不同不相為謀，在職場中有個比能力更重要的指標，那就是職場倫理。無論在台上時是如何風光，轉身下台時的背影，才能帶給觀眾最深的印象。

等一等，看一看，想一想

圜達做的開關是很小的電子零組件，當時台灣在這方面自動化組裝機的水平並不高，那時為了開發自動化設備，從台灣頭找到台灣尾，包括廠商、工研院、金屬研發中心等，都無法獲得需要的技術。尤其一項產品若要自動化生產，在開發初期就要以自動化組裝的規格來設計，問題在於我們是先有產品，再去找自動化設備，本末倒置，難度更高，因此吃盡各種苦頭。

一九九〇年初，剛投入「程式開關」自動化設備，我們將設備設計發包給某家工廠，因為初期雙方都在摸索，過程很辛苦。台灣市場本來就不大，而我們能購買的機器數量頂多一至三台，因此對方獲利空間並不大，老闆做得意興闌珊，想要關廠歇業。

那家工廠裡有位年輕的設計師C先生，曾在知名的日資電子零組件廠工作過，我很賞識他，因而在他可能失業時，以高薪邀他進我公司。在他的協助下，終於研發出了第一代「程式開關」自動化設備，一台機器就可以完成一大半製程。就能力來說，他是不可多得的優秀人才。

只是好景不常，一九九五年公司舉辦員工赴大陸旅遊時，我順便帶員工到珠海廠參觀，也邀了一位上游零件供應商老闆同行。他看到我們在珠海廠自行開發、製造的自動化設備，非常讚許，回台之後，C先生被這家供應商挖角忽然就要辭職了。

C先生不只是一個人離職，還將設計部門裡的七個人，一次就帶走四個。我從留下的人中選了一位擔任主管，但沒多久C先生與新公司又鬧翻了，自行出外創業，再次挖走了這位新主管，之後他們又拆夥了。

內部空虛、外有強敵，這樣內外交迫下，我雖難過，也只能收拾低迷的心情，重新招兵買馬，建構團隊，卻也摸索出一些能力，再加上出國參訪，漸漸提高技術層次，終於克服了難題。

台灣有一句俚語說：「有好處自己跑去，壞吃留下來找老父。」A、B、C三位先生是非常典型的案例。在職場裡，各人頭頂一片天，若有更好的發展，想要離職當然可以，但要走得漂亮。

這個世界非常小，日後難保大家不會相見。「人情留一線，日後好相見。」離職前不妨等一等，看一看，想一想，最好「留點名聲給人探聽」。

從遊戲中找出母雞

千軍易得，一將難求。
怎樣找出適合的幹部呢？
就從遊戲中觀察吧！

參加同學會時，有人對我說：「錫琦，好久不見，沒想到你已經是CEO了。」

但我只是笑著說：「是CEO沒錯，但不是你想的那種Chief Executive Officer（首席執行官），我是圓達的Chief Entertainment Officer（首席康樂官）。」

小五到小六那兩年，班上的導師因為忙於自家改建，經常放牛吃草，交代好要寫的功課，就要我們自習，自己溜回家監工。雖然初中聯考快到了，但十歲出頭的小學生，大多來自工農家庭，父母自己也沒考過初中，當然不懂得怎麼督促要求，孩子們也不懂得要為聯考緊張，只要老師前腳一走，很多同學後腳就跟上，溜出教室去大玩特玩了。

這樣兩年玩下來，我們班在初中聯考時幾乎全軍覆沒，男生考得最好的，也只上了松山初中夜間部，女生也只有萬華女中夜間部。我的父母為了我，專程上台北從恩主公（行天宮）拜到觀世音菩薩（龍山寺），再拜到法主公（法主宮），一路祈求神明保佑，但最後我依然名落孫山。

小學時我算比較乖的學生，即使老師走了，還是要把作業全寫完了才敢出去玩，因此每次一到操場，大家早已玩成了一片。

那時男生最常玩的是「騎馬打仗」，就是分成兩隊，每隊裡兩人一組或三人一組。兩人一組就一個肩扛著一個，跨騎在肩上；三人一組就兩人並肩，第三人坐在兩人肩上。然後兩邊人馬開打對衝，在馬上的人用手拉扯對方，然後繞圈，等一方頭暈之後先被拉下來或摔倒的就算「死了」（出局），直至有一方死光為止。

至於女生最常玩的是「老鷹捉小雞」，就是由一人當老鷹，另一人當母雞，其他人就一個一個手搭著肩，當躲在母雞身後的小雞。母雞必須伸開雙臂保護身後的一串小雞，而老鷹卻聲東擊西、忽左忽右，在對峙和糾纏時如果某個小雞體力不支而脫離了隊伍，就會被老鷹抓到而出局。

騎馬打仗要組隊比較簡單，只要壯一點的在底下當馬，弱一點的就當人，但老鷹捉小雞就比較麻煩了。母雞要把身後的小雞，按照體力來編排順序，弱的放前面，強的放後面，因為母雞面對老鷹只要原地轉圈，但越後面的小雞要轉換方向，就要耗費好幾倍的體力。而且除了體力之外，反應力也很重要，若無法立刻跟上母雞轉換的方向，跑越快就越容易被抓。

在觀察女生的遊戲中，我發現了一個致勝秘訣，就是當母雞的人，必須按照隊裡每個人不同的特點或能力，放在合適的位置。聰明的母雞不會只忙著防禦老鷹的攻擊，而是要先把隊伍順序整理好。

後來我讀到管理學大師彼得．杜拉克說的：「管理就是把事情做對，領導則是要做對的事。」原來在小女生的遊戲老鷹抓小雞裡，母雞就必須是個領導者，而不能只是管理者。

憂鬱少年變陽光少年

中學六年，無論恆毅還是建中，都是和尚學校。身體不好加上升學壓力，在玩這件事上，也就沒什麼值得一提了。一切的改變，要從大學時說起。

大二當了一年的系學會康樂股長後，又選上系學會理事長，在升大三的那個暑假，忽然收到了一封救國團的邀請函，白紙黑字寫著要我參加省訓團「康輔研習營第十期」。康輔營的目的表面上是培養康樂輔導員，但大家也都心裡有數，若是表現優異，就有機會成為官場未來的儲備人才。

我對當官毫無興趣，但一九七〇年代的台灣還在戒嚴時期，救國團成了台灣最大也是唯一合法的青年旅行社。當時的大學生不要說沒有舞廳、夜店或ＫＴＶ等營業場所，連開家庭舞會都被禁止，根本沒什麼校外生活。若想跨校或跨縣市聯誼，除了參加救國團的活動，其他別無管道。

每年的寒暑假，救國團都會在全台各地舉辦夏令營、冬令營，深受全台高中生與大學生的歡迎。營隊的內容包羅萬象，如登山、健走、露營、駕駛等，很多活動像是金門戰鬥營或是霧社先鋒營等，熱門到沒有關係的還報不上名。

因為營隊種類太多，需要有大學生來帶活動，所以每年都會邀請大學社團負責人參加研習營，培養學生帶康樂活動的能力，若是受訓成績不錯，將來可以成為輔導員，不但能免費參加活動，還有工讀費可領。

受訓那天，我和來自各大學的社團負責人在南投縣中興新村集合，接受為期十天的訓練課程。報到後先分組，我們那一梯次總共有八組，早上五點多就要起床，每天的考驗都很精彩。第一天讓隊友認識對方，每組取隊名、編隊呼和隊歌。接著，就要進行各式各樣的競賽考驗。

這是一個講求機智及臨場反應的地方，在每一個競賽前，都不會知道接下來要比什麼，只能依照輔導長給的指令反應，對每個人來說，都是非常嚴苛的考驗。每一項競賽設計都必須由團隊來共同完成，沒太多時間思考怎麼做，只能用潛藏在內心的天賦本能合作，求取最佳成績。在活動過程中，可以清楚看到每個人的特質，透過競賽還能激發「輸人不輸陣」的鬥志。

康輔研習營透過在短時間給予任務，立刻完成，並馬上公布名次的策略，確實讓所有人拚了全力都要去爭得冠軍。活動進行到第二天，每個人都喊破了喉嚨，儘管如此，還是使出吃奶的力氣，用力喊出隊呼，高聲唱著隊歌。

到了晚上舉辦晚會，活動現場沒有太多道具，要用智慧，以身邊拿得到的物品，如繩子、塑膠袋、花、草、床單等，做出富有創意又讓人眼睛一亮的東西，例如有團員用簡單的道具，如碎布、T 恤將自己打扮成一位老婦人，還有人妙手生花，用花、塑膠袋等就化身為貌美如花的埃及豔后，讓人非常驚奇。

每天都玩得汗流浹背，很累卻興緻昂然。輔導長還會經常隨意點名，被點到的必須小跑步上台接受考驗，例如自我介紹、即席演講等。一開始點到我時，還會有點扭捏，漸漸習慣後也就落落大方，不會怯場了。那是一個無法推托，只能鼓勵自己勇敢表現的場域。

十天的活動，確確實實改變了那個原本害羞的我，取而代之是一個有自信的領導者。在活動中，和隊友間培養的革命情感，即使到現在，還和其中幾位保持聯絡，維繫了三十多年的好友誼。

「康輔研習營」結束後，大三的寒假分派到救國團「阿里山健行隊」，暑假則被分配到「東海岸健行隊」當領隊，五天四夜的活動要帶著一群高中生，從台東走到花蓮，我們的工作還包括帶動唱、舉辦螢火晚會等。行前，和幾位好友報名參加「蘭嶼訪問團」，從高雄搭乘「美齡號」運補艦到蘭嶼，回程時，前往花蓮帶隊。

救國團的工讀金相當優渥，五天的活動可領近一千元，當時公立大學一學期的學雜費約二千多元，拿到這筆錢，三五好友再結伴到各地旅行。對我來說，這段歷練是在年輕時難能可貴的領導力訓練。曾經，我是非常憂鬱的少年，此時此刻才真正脫胎換骨，成為一個對未來充滿期待與希望的陽光少年。

傳承至今的「經濟週」

大學時我們經濟系的日間部有四個班級（一到四年級），夜間部有五個班級（一到五年級），共計九個班。我擔任系學會理事長後，決定整合日夜間九個班合辦活動。因為要與夜間部同學聯絡，每天早上出門上學，總是忙到晚上十一、二點才回到家。

後來連父親都看不下去，有一天終於忍不住問我：「你到底是讀日間部的，還是夜間部的？為什麼每天都這麼晚回家。」但被父親唸了幾句，也不以為意。我做事很認真，當時心中只想著如何做好理事長的工作，就算必須忙到三更半夜，也毫無怨言。

在辦系上活動時，我體會到只要把一件事情做到很專注，就會想要改變，而且會有很多想法，然後再慢慢修正，事情就會越做越好。例如我覺得如果只是舉辦系內的團康活動，似乎還不夠，能不能以系學會的名義，舉辦有別於以往的大型活動？

大三（一九七五年）下學期，我破天荒的結集日、夜間部九個班級，舉辦第一屆「經濟週」，時間在五月，為期一周的活動內容包括周一、周三的學術演講，邀請對象是國內知名學者；周二舉辦趣味性即席演講，參加比賽者上台前三分鐘抽題目，題目都很好玩，目的是讓同學發揮即興幽默。到現在我還記得第一名演講的題目是「親愛的，對不起！我又遲到了」，主講者的內容幽默風趣，台下的同學都笑得東倒西歪。

周四舉辦日夜間部九個班級的合唱比賽；周五是辯論比賽；周六舉辦保齡球比賽；周日舉辦趣味性運動會。在運動會上，我們設計很多有趣的活動，包括拔河、大隊接力、二人三腳、跳袋鼠等。晚上是送舊晚會，在晚宴時由同學自己組成的 LIVE BAND 現場表演，歡送大四生畢業，並舉辦下一屆系學會理事長選舉政見發表會。

為了節省經費，五百多人的餐點，全都由同學們自己料理，我也捐了不少食物。一周的活動，在最高潮處結束，全系的同學都玩得很開心。

在宣傳「經濟週」時，我還用了一個很吸睛的行銷策略，在活動舉辦前兩周就開始倒數預告，同學們自己繪製海報張貼在校園內醒目的地方，上面寫著：「十四天後有一個重大的活動要舉辦」，每天更換一張，直到舉辦前一天。這項策略成功的吸引同學們的目光，大家都很好奇，到底即將舉辦什麼樣的活動。海報吊足了全校師生的胃口。

「經濟週」正式舉辦前一個晚上，我再發動系學會同學製作幾百幅網印三角形小旗子，晚上以中興大學法商學院校區四周種的大王椰樹為範圍，掛上一圈的旗子，上面寫著「經濟週」。隔天早上到校上課的同學，一進校門就被眼前的景象嚇一跳。

「經濟週」轟動了全校，各科系、各年級的學生，都想來參加，因為大家都很好奇，到底是什麼活動要如此大費周章，想必一定精彩。同學們搶著要報名聆聽校外學者演講，卻不知要去哪裡報名，學生會會長還跳出來呼籲同學，不要到學生活動中心報名，活動是經濟系辦的，不是他們舉辦的。整週活動，甚至吸引了很多外系師生的關注，相當成功。

二〇〇五年，我應邀回到母校演講，才知道至今「經濟週」每一年仍持續舉辦，已經成為一項傳統。後來，還曾經接到第三十屆「經濟週」晚會邀約，我為當時創辦的活動能夠傳承到現在感到欣喜不已。其後，各系所也共襄盛舉，紛紛舉辦「企管週」、「社會週」、「會計週」等。

現在想起來，大學四年我的學業成績雖不是那麼頂尖，但日子過得卻非常充實。在學校擔任各類幹部，對自己的幫助很大，讓我從一個靦覥少年，蛻變成具有領導力的青年。這段「玩」的經歷對我的未來，有舉足輕重的影響。

千軍易得，一將難求

有人開玩笑的把英文的大學（University）翻譯為「由你玩四年」，但回憶大學時代，印象最深刻的也就是參加救國團的各式營隊。在很多人眼中看似

每年的寒暑假，救國團都會在全台各地舉辦各種營隊，深受全台高中生與大學生的歡迎。這是我在蘭嶼時所攝，當地村民(左、右)仍穿著傳統丁字褲。

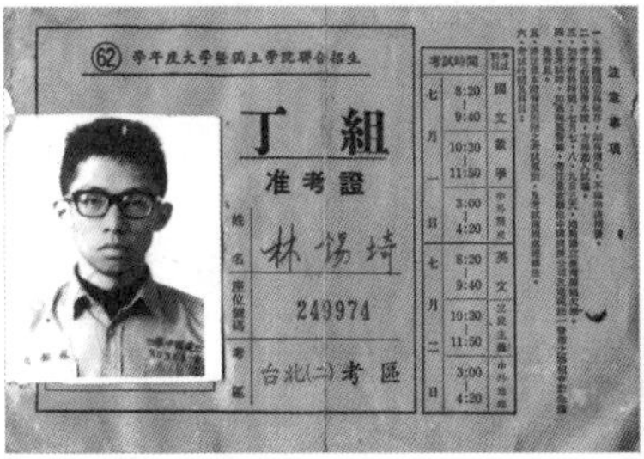

這是我參加大學聯考時的准考證，中學六年，無論恆毅還是建中，都是和尚學校。身體不好加上升學壓力，完全沒有玩到。但大學四年不但讓我玩夠了，也從中領悟了許多領導哲學。

我是圜達的首席康樂官，每當公司有團體活動時，總是一馬當先來帶動氣氛。這是我與圜達副董事長洪瑞裕在公司旅遊時的舞姿。

只是遊戲的活動，我卻在其中發現了一些很多天生就有領導特質的人才。

一般台商在大陸投資，大多強調「三本主義」，也就是本錢、本事與本尊。沒錯，在任何地方投資，都需要有本錢與本事；但是不是需要本尊事必躬親？我就不以為然了。雖然我公司接到的訂單都在大陸生產，但我卻很少去大陸，有幾間廠甚至我一年都難得去一次。

很多人無法想像，我把在珠海上千人的工廠，交給一位大陸員工管理，而且這位廠長還是女性，學歷也只是高中肄業（就是只有初中文憑）。

雖然所有經營者都會強調「用人唯才」，但在拔擢人才時，卻常受到地域、性別與學歷的限制。我能突破這三項傳統，關鍵也就在於我相信「玩」的能力，其實也就是不可或缺的領導特質。

這位來自湖南、學歷不高的女廠長，來公司應聘時還很年輕。但是在一次公司的活動裡，其中有一項拔河競賽，我發現了這小姑娘很有領導力，就像我小時候看到女生玩老鷹抓小雞，她是那種有頭腦又有執行力的母雞。

拔河的技巧就是一個字「穩」，只要穩得住就贏了。因此就和老鷹抓小雞一樣，母雞要安排好每一隻小雞的位置。簡單說噸位較大的人要擺後面，才能把對方拉過去的力量以體重抵消，就像划龍舟坐在船尾的舵手，不只要鎮壓著對方拉過去的力氣，還要穩住我方的繩子，不然當大家在出力時，一不小心繩子歪了，必然軍心大亂。

至於力氣大的人，就要擺在最前面的位置，這樣才可以達到最大效率。另外拔河時要放低姿勢，就是手拉著繩子，身體往後倒，這樣拉的力量不只是人的力氣，還要加上重力。

我從拔河比賽中，發現這小姑娘所帶的那一小組，不但在人位的安排上井井有條，連沒有上場的人也都盡責地成了啦啦隊，這種團隊精神的表現讓我很感動。後來她從生產組長、大組長到生產主管，也都表現優異；最後派任她到內陸省縣去設廠，果然也都能達成任務。

千軍易得，一將難求。要怎樣找出適合擔任領導者的員工呢？我從自己的經歷中發現，就從遊戲中觀察，找出合適的母雞吧！

不做第一，要做唯一

成功後才發現，
我們已經超越市場這麼遠，
這就是隱形的冠軍。

身為戰後嬰兒潮的一員，很能了解升學主義的殘酷競爭。在有限的教育資源裡，初中、高中、大學、研究所以及男生的預官考試，就像攀爬金字塔一樣，一關比一關窄，而且在前一關被淘汰的人，即使勉強到了下一關，被刷下來的機會就更大了。

但是我的經歷與大多數人都不一樣，初中聯考，我落榜；高中聯考，進了建中夜間部；大學聯考，我卻上了前三志願的中興大學；預官考試時我還考上了特官。如今六十歲了，與我同年紀的若還在職場，大多已退下或待退；

但我因自己創業，還有很多可以打拚的地方。

很多人說我的一生是倒吃甘蔗，因此我常鼓勵年輕人，人生真正要追求的，不是那些眾人都看得到的第一名，而是要那「隱形的冠軍」。簡單說，就是「不做第一，要做唯一」。

身為長子，父母對我有很多的期待，偏偏小學畢業考初中就落榜，在沒學校可讀的窘境，仍然要面對現實，只好退而求其次地參加各家私立學校的獨立招生考試。結果考了四、五間，終於考取位於新莊的私立天主教恆毅中學。沒想到我進入這間學校後，竟然成為優等生。

恆毅中學是一間以管教嚴格聞名的天主教學校，也是知名的「和尚學校」。為了拚升學率，從初一開始隨堂有小考、天天有周考、每月還有月考，每學期都還要重新能力分班。除了第一學期我被分在排名第三班，之後的五學期都在排名第一班。

為讓學生上課認真，取得好的成績，學校老師除了體罰，還會用心理戰術，祭出「連坐法」。例如導師都會把學生以「排」為單位，一排大約有七至八人，只要其中有一位上課打瞌睡，整排都要一起被處罰，例如下跪等。這在同學間就會形成一種集體壓力，我們會互相監督。

在這種恐懼氛圍裡，為了不給旁人添麻煩，我不得不用功讀書。初一、初二時成績很好，排名總在全校前十名。但我心裡很明白，我不可能成為第一名，連前三名都沒機會。

但在初二升初三的那個暑假，意外發生了。原本在全校課業排名第一、二名的兩位天才同學，暑假後竟然不約而同地放棄課業了。

事後才知道，這兩位同學都是遭遇家庭變故。其中一位因父母離婚，時值青春叛逆期，他用拒絕讀書來回應家庭變故。他們的消極應對方式，就是考試時拿到考卷一寫完名字，立刻趴下來睡覺，根本不作答。

因為我們班本來就是全年級成績最好的一班，兩位天才同學自動放棄學業，班上就出現了百家爭鳴的景況，每個人都有機會成為第一名。最後竟然是我以黑馬之姿後來居上，搶到全班第一名，也就以全校第一名的成績畢業。

一九七〇年六月在台北市中山堂光復廳，恆毅中學舉辦的畢業典禮上，我上台接受了第一名畢業及操性甲等表揚。然而在台上領獎雖看似風光，接下榮耀的獎狀及獎牌後，我沒有一點「贏」了的驕傲感，取而代之的反而是一種「勝之不武」的感覺。身為全校第一名，我完全不敢讓家人知道，連畢業典禮也不敢讓家人來參加。

那時還年輕，不知道自己為何會有這種感覺。回家以後，偷偷摸摸的進門，我將獎牌與獎狀全藏在房間角落，假裝這一切從未發生過。

從我的心態可以看出，打罵教育在我的內心造成多大的陰影，即使在學校受到很多肯定，卻依然缺乏自信，並有一種無法擺脫的哀愁，那些年在我的臉上，幾乎是很少看到笑容。

不過我也很慶幸，十五歲時我就領悟了一個道理，第一名沒有什麼了不起，它只是這個階段成績的呈現，並不代表下個階段就必然會有同樣傑出的表現。現在的第一名，不見得是未來的第一名；這裡的第一名，只要把這裡的範圍擴大，或是換到那裡，也不見得還是第一名。

創業，我決定了！

十九歲時，我就決定了以後要創業，這個心願也許與父親有關。父親在他二十四歲時就創業，在三重開了家食品加工廠。他很有生意頭腦，事業做得很好，在三重地區小有名氣。受到家庭環境的耳濡目染，潛移默化當中覺得以後我也要追隨父親的腳步，成為一位成功的創業者。

為何在十九歲就能立定志向，細究起來它和大學時代在課業上受到的挫折有關。從小我的數理成績不是很好，因體弱多病常跑醫院，原本立志行醫，高中念的是自然組，只念一個學期就發現數學、物理、化學完全不擅長，成績差，念得很辛苦。高二下學期轉社會組，成績立刻好轉，也重拾自信。

大學聯考時，不知道自己要讀什麼，心想商學院可能不錯，填寫志願時順著學校排序，印象中只填了三個經濟系，最後錄取了中興大學經濟系。當時根本不知道經濟系在讀什麼？更不知道讀經濟系必須數理、邏輯很強，但這也成為後來想轉系的緣由和重要的創業動機。

進入大學的第一年，讀的都是基本科目，國文、英文、歷史、初級會計等等，起初課業不難，只要用功，成績都可以不錯。但大二後專業科目加進來，包括個體經濟學、高等會計學等，就開始讀得有點吃力，成績也掉到全班的中等，甚至更差。

對一個初中以第一名成績畢業，高中模擬考曾考到全校第二名、學業成績優異的學生來說，這是難以承受之重。於是開始打聽各科系的專業科目，再考量自己的興趣及發展後，我決定要轉系，第一志願就是企管系。

但那時大學裡的資源有限，轉系手續很複雜，還要先和系主任面談。當時系主任是吳榮義教授（後來曾任行政院副院長），他聽完我的陳述後，就簡單說了一句話：「經濟系是法商學院最大的科系，向來是只有人轉進，沒有人轉出的。」

他的態度堅決，這麼一說等於是「准進不准出」，阻斷了我的轉系之路。

我是家族裡第一個考上公立大學的孩子，父母聽到我考上經濟系後也都很開心。然而事實卻是我念得很不開心，偏偏又不能轉系，心情很低落。

系主任這關過不了，於是我改問助教，經濟系畢業後可做什麼？他說：「三條路，一是深造，走學術研究；二是進入金融業；三是考公職。」

我想了一想，這三條路，顯然都不是我想做的。我自知以我的個性，根本沒辦法待在同一位置上，無論研究或行政工作，都與我的性向不符。但我雖清楚知道，那些是沒興趣的事，可是有興趣的事又是什麼呢？我茫然了。

因為想轉系，大二起就開始認真思考未來的方向。幾個月後忽然想通了，一九四九年父親在三重鎮以七塊錢創業起家，這或許就是一條我想走的路。從那一刻起，我決定了！

面相「識人學」

但想創業只是個念頭，要怎麼去實踐？當時我選擇的是逆向思考，也就是先設定好目標，再來想方法。我問自己：「假如要創業，有哪些條件是必須在創業前就先具備的？」

首先要加強英文、日文。英文是國際共通語言，若是還能學第二外國語，就可以增加自己的競爭優勢。選擇日文的原因有二，一是父母都受過日本教育，為了作生意，在家裡也經常能聽到日文；二是受到當時的女友（現在的太太）也在補習班學日文的影響。其次，還要學簿記，也就是最簡單的會計。

一九七〇年代台灣剛脫離日本殖民統治不久，政府完全禁止在公立大學裡設日文系，要學日文就必須去校外找補習班。至於簿記這種實用課程，大學經濟系裡所教的會計學，在實務上並不管用。無論日文與簿記的補習班裡，成員都是高中畢業的在職人員，我這個大學生在班上就顯得很突兀。

至於其他課外要學的國際貿易、商業談判、溝通、面相學等，學起來一件比一件實用。例如面相學，會想涉獵這門學問，起源於大二選修的《高等會計》這門課。

有一次劉老師在課堂上說：「其實你們不用選修《高等會計》，而是應該去學面相學。」我不知道他為何這麼說，可能他認為面相學在職場上的幫助很大吧！以往我從來沒想過有什麼面相學，甚至認為這不科學，但聽老師一說，就對「面相」這件事有了點好奇。

自己買書來看才發現，原來面相學與所有的算命道理都一樣，就是一種統計學，有很科學的參考標準，而且很實用。透過觀察人的面相，就能大約知道他是怎樣個性的人，可以做為了解一個人的入門。若是學手相，要讓人家把手拿給你看；學八字，要向人家要生辰，都沒有面相學來得更直接。

例如《孟子》上說：「存乎人者，莫良於眸子，眸子不能掩其惡。胸中正，則眸子瞭焉；胸中不正，則眸子眊焉。聽其言也，觀其眸子，人焉廋哉？」意即孟子說要觀察一個人，沒有比觀察他的眼神更好的方法；眼神沒辦法遮掩他的惡念，存心正直善良，眼神就明亮；存心邪惡，眼神就混濁不明。所以只要聽他所說的話，再看看他的眼神，哪一個人能隱藏呢？

有了這樣的「識人學」，讓我日後在職場中，無論是招募新人的面談或與客戶商談時，都有莫大助益。有趣的是用面相來觀察對方，即使用在西方人的身上也有參考性。

想轉系不成，只能繼續留在經濟系，從大二起，只要是不重要的課，或者是老師講的內容與將來創業無關的，就偷偷讀自己的書，並且利用課餘時間四處進修，這也養成了我更廣泛的閱讀習慣，例如每天看《經濟日報》，雖然它的內容很無趣，但還是想辦法看懂。因為既然以後想當老闆，就一定要懂得總體經濟及產業資訊。

雖然有創業的念頭，但在大四時，仍不能免俗的受到同學影響，想要繼續升學。我向父母表達想考研究所或是出國念書的希望，很疼我的母親問我：「你以後會不會娶一個『阿兜仔』（西洋人鼻樑較高，台語俗稱阿兜仔）回來？

我會不會和她語言不通？如果你住在國外，我是不是要搭飛機去看孫子？」

父親擔心的事與母親不同，他只問我：「你以後要做什麼？」我說：「我想創業。」受日本教育長大的父親知道我的心意後就說：「在日據時代，想要出人頭地只有兩條路可走，一是從政，到東京念帝國大學（現在的東京大學）；二是從商，到大阪學做商人。」在他的觀念裡，從商，實務比起理論來得更重要，並不需要受太高的教育。

他接著說：「早知道你想創業，讓你念到高中畢業就好了。書讀太多，就像西裝穿得太體面，會蹲不下來的。」父親的一番話打醒了我，創業的人必須拉得下身段，蹲不下來的人要怎麼做事？不能做事的人要怎麼創業？於是我打消升學計畫，放棄研究所考試，全心拚考預官，結果成績超優，考上了運輸科。

很多朋友聽我說起十九歲就決定要創業，反應都是吃驚不已。一個人為何能在這麼年輕時就找到自己的路？在這方面我很幸運。其實每個人都有自己的天分，但你是哪一類的天才，唯有自己才找得到。只要找到你真正的興趣所在，再投資自己，自然就會有很棒的人生等著你。

隱形的冠軍

知道自己要什麼，往往會比自己得到了什麼更重要。在經營事業業上，我不會去追求什麼某某行業的第一，或是什麼產業的大王等虛榮，我跟公司同事再三叮嚀的就是：我們要的是那「隱形的冠軍」。

公司每設立一個新的事業部門，就會遇到「人」的問題，有些人是半桶水，頂著很好的原公司職稱，進來後卻發現根本不是那麼一回事。例如公司成立沖壓部門時，找來一位曾在知名國際連接器公司的主管。我們對他抱持很高的期待，希望能將沖壓部門建制起來。

他進來後立刻購買日本先進的設備，這項設備原本一分鐘可以打出六百下，換算一秒可以打十下。但他不會定位機器，連螺絲都沒鎖緊，一分鐘只能打一百五十下，慢了四倍以上，做出來的產品，品質又不穩定。

深入了解後才知道，原來他在原公司負責的不是技術，而是坐辦公室的主管，因為個性乖巧，沒犯什麼錯，年資夠久就升為主管。後來又換了主管，才做出所要的品質。

這些都是學習曲線，雖然不知走了多少冤枉路，也無法估算到底投入了多少資金、面對幾回背叛，但我很清楚的知道，公司的大方向就是：所有的零組件都必須自己做，技術也要能自己掌握。即使面對挫折，我依然抱持著非做不可的決心，儘管失敗，仍不氣餒，不成功絕不罷休。

二〇〇九年成立的ＬＥＤ燈部門、二〇一一年成立的電鍍部門，都有被員工刁難的經驗。雖然我們不懂，但只要抱著下定決心做下去的心態，就能挺過所有的困難。

我堅持要成立這些部門，也有不得已的原因。公司的產品規格很多，當射出、沖壓或ＬＥＤ燈請別人做時，因為初期的量不是很大，對方不見得會全力配合，也不見得每一次都會達到我們的品質要求。

例如ＬＥＤ燈開關，剛開始我們也是向製造ＬＥＤ燈的廠商買燈泡，其他開關業者也是如此。但組裝成ＬＥＤ燈開關後，卻常被客訴ＬＥＤ燈泡品質不好。雖然ＬＥＤ燈泡不是我們做的，而且ＬＥＤ燈泡比開關本身還貴，但客訴的整組開關卻是我們組裝好賣出去的，ＬＥＤ燈泡廠商可以不理，我們卻無可推諉，只能概括承受所有的責難，再來想辦法補救。

我堅持「凡事自己來」有三個優點，一是確保品質、技術扎根，員工可以多學習各方面領域的技能。

二是降低成本，以一條龍的方式生產，例如沖壓給別人做，會賺你三成；射出再外包，又被賺走三成，以此類推，垂直整合，就能撙節許多成本的支出，提升競爭力。

一九九〇年代公司生產規模還小，看不出它的效益；但將生產線拉到中國大陸後，如法炮製相同的生產線，產量大了，也有一定的規模經濟後，效益就出來了。

三是交期靈活，若是某項產品的交期緊急，自己的生產線就能因應客戶的各種要求，靈活調度生產線、加速交期。同時也能針對客戶的要求，設計客製化產品。所有的零組件都自己做，即使客戶下的訂單不是那麼大，也可以達到客製化的要求。

能做到這三點，就能提升公司的競爭力，在瞬息萬變、競爭激烈的電子產業裡脫穎而出、屹立不搖。圓達是全球唯一能做燈泡又做開關的工廠，因為做ＬＥＤ燈泡的，不懂開關；做開關的，不懂燈泡，我們結合兩者，都做。原來我們已經超越市場這麼遠，這就是隱形的冠軍。我們圓達不做第一，要做唯一，我們追求的就是這種隱形的冠軍。

打斷手骨顛倒勇

我堅決不讓他扶，我說：
「既然我是自己走出去的，
我也要自己走進來。」

久病成良醫，將我到目前為止六十年的歲月分成一半，前三十年還真是多災多難，五次住院，五次開刀；但後三十年反而健健康康。對於病痛，我的體悟良多。

小學時我是個循規蹈矩的乖學生，身體也還不錯，沒生過什麼大病。然而初中起就不同了，不但進醫院開刀，還開始了我的求診生涯。

初中時身體不好，讓我的高中聯考表現也差，雖是全校畢業成績第一名，卻只考上了第四志願——建國中學夜間部。生病和自信心不足作祟，高中三年，總是一副鬱鬱寡歡的面容，這是我生命中的「憂鬱年代」。

初一升初二的那個暑假，經常和好友相約游泳，最常去的是台北市圓山的再春游泳池（現已拆除），父母向來是不讓我碰水的，但是他們忙著做生意，沒空管我。

上初二後，晚上睡覺開始會發出很大的呼吸聲，後來竟嚴重到無法呼吸的程度，父母親才驚覺我的身體可能出了狀況。

媽媽帶我到台大醫院耳鼻喉科檢查，發現鼻腔內長了很大的息肉，是鼻竇炎，治療方式是開刀割掉息肉。初二的寒假，在台大動了手術，本以為開完刀就沒事，沒想到竟有後遺症，鼻腔內的疤很難癒合。後來才知道鼻竇炎很難根治，在治療上相當麻煩。

為了治病，念初三時，每天下午的第七、八節課都要請假，從學校搭公車到台大醫院接受放射線治療，時間長達一年，病情才漸漸轉好。

生病而想當醫生

儘管身體不好，我並沒有放棄學校課業，仍然很認真讀書。但因電療的副作用，讓我很容易疲倦，但高中聯考考的卻比初中聯考的落榜好多了。建中是台北市男生的最高學府，即使只是夜間部，父母的開心仍不在話下。

不過我很不滿意自己的表現，巧合的是建中的制服是灰藍色的，立刻成了那段時間我最喜歡的顏色。它是最冷的色彩，也是憂鬱的代表，可以說是呼應了我當時心中的念頭。然而直到後來才明白「老天無口，藉事開口」，我會考取建中夜間部，其實也是有天意的。

可能是因為高中聯考前念書太認真，耗費了太多體力，加上鼻竇炎還沒痊癒，經常鼻塞，會很用力的去擤鼻涕。到高一時，身體越來越不舒服，母親帶我到醫院檢查，照了X光後，醫生很沉重的說：「怎麼拖到這個時候才來？」原來我的胸腔X光片上已有一個黑洞，我罹患了閉鎖式肺結核，雖不會傳染，但病情嚴重到已經接近末期的程度。

這是我第一次感到死亡這麼逼近，父母也嚇壞了，全心全力協助我治病。幸好是讀夜校的關係，白天可以專心療養，從此過著規律赴醫院求診的日子。平均一至兩天早上，就要搭公車到一家私人醫院，打一根粗針，劑量約二百五十c.c.；以及另一根細的針。光是打針的醫療費，一次就要三百元。還好家裡做生意，經濟上還負擔得起。

除了打針吃藥，母親還四處求問偏方，或到中藥房抓草藥，回家後煎給我喝。父親年輕時學過形意拳，他要念夜間部的我，每天六點起床，到我家對面的菜園蹲馬步、練氣功，學腹式呼吸法。幸好當時年輕，在這種種努力下，大約半年的時間，身體竟奇蹟似的好轉。

生病讓我萌生想當醫生的志願，也或許是受到醫師的鼓勵。因為幾乎每天都到醫院打針，他看到我乖乖的，又念建中，覺得我的資質不錯，有天他竟問我：「你以後想不想當醫生？」在他的提醒下，我把懸壺濟世當成志願，希望可以幫助更多像我一樣身體不好的人。

但慢慢我發現自己不適合學醫，原因之一是我看到血就害怕，原因之二是數理程度較差，初中時還能靠苦讀獲得高分，但升高二時選念自然組，課業越來越重，越讀就越沒興趣。高二下學期我就轉到社會組了。

我的記憶力很好，只是理科差了點，因此只要能花時間念的學科，成績都很好，高三在學校模擬考時，已經是夜間部的第二名了。這時身體復原得很好，大學聯考時也考上了中興大學經濟系。

一九七三年，全台共有九萬八千多名考生，而大學聯考錄取率約為十九點七%，只有甲、乙、丙、丁四組全台排名一、二千名之內的學生，才能進入前三志願的大學。

中學六年裡兩次克服病魔，參加聯考也一次比一次順利，原本以為人生從此就將進入坦途，豈料當兵時的一場大病，又讓我在鬼門關前走了一回。

只當兩個月的兵

當兵是台灣男性一生必經之路，役男抽籤若抽到海空軍就是三年，陸軍則有三年，也有二年。大專畢業則扣掉成功嶺暑訓，只須服役一年十個月。可是每次我說自己只當了兩個月的兵，大多數人一聽到都很驚訝。當然，這又是生病惹出來的。

一九七七年大學畢業後，很快地就接到兵單。在當兵前我認真的拚預官考試，分數很高，考上特官，錄取為「運輸科」預官。七月九日，我到土城的「運輸兵學校」（現在的鴻海總公司廠址）報到入伍。

在炙熱的炎夏入伍，實在很操。幸好連長很喜歡我，有公差的機會都讓我去，例如隊上有籃球隊，隊名叫「運捷」（這隊名還是我取的），需要訂製球衣，他就讓我到台北找店家做球衣。被關在營裡幾周都不能出去，好不容易能到外面走走，自然是高興到不行，還可以順便回家探親。

在那個年代，當兵很辛苦，記得入伍到第三周時，有一天全連要從土城走到三峽成福國小一帶「打野外」（野外訓練），做為新生入伍的成果驗收。

七月份的夏天，戶外的溫度很高，用行軍的方式走到三峽，大家都很累了，野戰當然打得零零落落，連長很生氣，他認為我們將來是預備軍官，怎麼表現這麼差？於是要求我們反覆進攻，從山底不停地跑到山頂，再折回，再衝上山頂。

過重的體能訓練，讓每個新兵都很難負荷。回程時間已晚了，連長還要我們小跑步回去。途中有一個同袍，因體力不濟跌倒在地，被開著吉普車的連長拉上車子，載回軍營。

後來才知道那位同袍，當天下午發高燒不退，吃了軍醫開的退燒藥也不見好轉。長官們發現情況不對，想派車送他到外面的醫院，當天整個運輸兵學校竟調不到一輛車，只好到軍營外攔計程車。

不巧計程車開到一半又拋錨，輾轉花了一些時間才送到三軍總醫院。一入院，醫生立刻扒光他的衣服，放在酒精池裡，但想盡辦法仍無法讓他退燒，當天晚上就過世了。

這件事傳回軍營，造成很大的嘩然。他的父母與女友，情緒激動地來營區質問：「一個健康的大學畢業生，父母養了他二十幾年，才當兵二十幾天，現在卻成了一具冰冷的屍體。」尤其這位去世的阿兵哥非常優秀，當兵前和女友都已經考上托福，等著退役後就要一起到美國念書，如今卻天人兩隔，聽了讓人不勝唏噓。

沒想到一周後卻輪到我了。之前連長派我出公差做球衣時，已經覺得身體有點不舒服，我告訴母親，她立刻帶我去醫院，卻沒檢查出原因，醫生只開些藥給我吃。在入伍第一個月的假日收假回隊上時，依照慣例要在連集合場集合做收心操。但集合完畢才開始唱軍歌，就覺得不對勁了，全身冒冷汗，眼冒金星，只好一直喊：「報告班長，我要暈倒了！」

一位優秀的同袍才剛過世，兩年後便可退休的連長，因此還被記了大過，退休金被砍了一半，其他長官也連帶受到影響，大家都不希望軍中再出事。加上我們是預官，結訓後就要分發到部隊當少尉排長，在軍中很受重視。班長聽到我身體有狀況後，便立刻帶我去醫院。

但那年代軍醫很多都是蒙古大夫，給我吃的藥根本沒效，隔天早上連長覺得不妥，直接送我到公館的陸軍八二九醫院（現在台北市基隆路上的台大醫院公館分院）。當天下午，父母與女友都趕來醫院看我，但我還是很不舒服。

昏昏沉沉睡到半夜十二點多，忽然被運輸學校的中校大隊長及他的女友（她在台北市汀洲路的三軍總醫院當護士長）搖起來。她說：「待會兒我帶你去三總，但你必須裝得很痛苦，才能幫你掛急診。」

在他們的幫助下住進三總，隔天一大早醫生檢查發現我的白血球指數飆得太高，確認是盲腸炎。本來必須由家人簽署手術同意書，但因情況緊急，來不及等父母趕到醫院，醫生就將我推入手術房了。

這種小手術原本只要二十分鐘，我卻開了五個小時。因為醫生一剖開就發現已變成腹膜炎了。我被推回病房，醒來第一眼看到的竟是官階少將的運輸兵學校校長站在我的床沿，他親自來探望一個新兵，把我也嚇了一跳。

他以關心的口吻說：「林錫埼，你終於醒了，我們都好擔心你，幸好你沒事。」他要我不要擔心，好好養病。

因為從小體弱，又曾經接受過很多放射線治療，以致傷口一直無法癒合，在醫院住了二周，不得不出院，回到運輸兵學校，他們發現我曾經得過肺結核，雖是「閉鎖式」，不會傳染，但沒人相信，因此被隔離住在士官的營房。軍中的伙食很差，為了讓我早日康復，媽媽每天熬煮各種補品，由父母、女友，每天輪流從三重送到土城為我進補。

回到軍營，我不能出操，但留在隊上養病，又成了燙手山芋。長官擔心我可能隨時會出事，希望把我調到別的單位或讓我先回家。我當然不想回家，因為那等於是養完病後，明年還要再入伍一次。當兵時最痛苦的就是第一個月，好不容易熬了過來，怎麼能現在放棄，明年重頭再來？

後來他們開出「不適合接受軍官養成教育」診斷書，建議我先回家，隔年只要到醫院複診，若身體檢查沒過，就可以正式除役。無奈之下，只好接受這項安排。隔年回到醫院複檢時，因那年兵源過多，很多役男抽籤後都被列入補充兵，只須服役三個月。雖然體檢過了，但軍方還是替我開立了退伍證明。

還記得開刀那天是八月九日，距離入伍的七月九日剛好一個月，回家那天是九月九日，實際等於是只當了兩個月的兵。

怎麼跌倒的就怎麼站起來

身為長子，原本應該由我繼承家業，但父親認為年輕人應該到社會上讓別人管教個幾年，學些做人處事的道理比較好。我在腹膜炎病情好轉後就開始謀職，但還沒拿到正式的退伍令，很難找到正職，只好四處投履歷，一九七七年十一月，終於有一家罐頭食品外銷公司願意用我。因當時隨時都還可能入伍，對薪資自然也無法要求。當時大學畢業生的薪水普遍在六至七千元，我只填了三千八百元。

進公司後才知道，當時有一百七十六個人投履歷，老闆卻只錄取我一個人，因為我是大學生，考試成績也不錯。公司總部在高雄，在台北成立分公司。老闆四十歲創業，台北分公司只有老闆、副總、會計和我四個人，產品主要是外銷日本、東南亞、歐、美等國。

我負責的工作有三項：一是每天騎著機車向客戶收支票、再到銀行存入，幫老闆跑三點半，不然會跳票，因此我知道每天軋票很辛苦；二是出貨到日本時幫忙打字，我本來不會打字，是進去才學的，但我學過日文，正好派得上用場；三是開發歐、美新客戶，沒想到也拉到一些業務，老闆對我刮目相看，他覺得這個新來的小夥子很不錯，竟然能帶進業績，所以也不太管我。

有一次和康輔營十期的好友聊天，他住在基隆，問我：「既然你家裡在做生意，為什麼不幫忙拓展業務？」他認為基隆是個處女地，不會與大台北地區父親原有的客戶重疊，建議我可以去試試看。我想也對，開始每天一下班就騎著機車，從三重出發，到基隆幫家裡生產的食品跑業務。

那時柑仔店（雜貨店）是主要批發通路，進貨的量比較多，我一家一家拜訪。騎到基隆時大多已是晚餐時間，店家比較忙，因為很多客人會來店裡買鹽、醬油、米等，店家沒時間理我，只好站在一旁等。邊等還邊幫店家照顧小孩，甚至代為招呼客人，秤個鹽或糖什麼的。

一次、二次，店家就覺得這個年輕人很懂事，多少也會捧個場。半年後，大約有十多家客戶固定會向我進貨，到基隆送貨的時間也越來越多，從原本的一周一次，到後來一周去二次、三次。

一九七八年八月底（農曆七月）的某個晚上十點多，照例騎著機車到基隆送貨，回來經過北基公路（台北到基隆的雙線道公路）汐止鐵路的隧道口，忽然有一輛車從對向車道的左方超車，他的車速很快，也沒剎車，就直接朝我撞過來。

當時我看到前方一道疾光飛速過來，接著我的頭就倒在一輛計程車的前輪底下。那個年代騎機車還不流行戴安全帽，幸好計程車在壓到我的頭之前緊急煞住了車，否則我一定沒命。

事後回想起來，那一刻還真有點「玄」。對方從我左前方撞過來，應該是要撞到我的左腳，但不知為何，卻撞到我的右腳，因此往左邊倒，倒在計程車前。右邊是二十幾公尺的懸崖，下面是基隆河，若撞到左邊我往右飛，一定掉到懸崖下水深至少二公尺以上的基隆河底，當場完蛋。

兩個巧合，讓我死裡逃生，撿回一命。當我從計程車前輪坐起來那一刻，不但那位司機嚇壞了，連我自己也像是靈魂出竅一樣。電影裡常看到一個人死了，身體躺著，靈魂卻坐起來，聽得到周遭的聲音。當我坐起來時，還無法確認自己究竟是死是活，這個瀕死經驗，讓我日後不論遭遇什麼環境，我都認為是「賺」來的，它徹底改變了我的人生觀。

車禍時偉士牌機車（VESPA）前的擋泥鋼板被轎車撞爛，上方的壓克力擋風板也破了，還好只在我的眉角留下一道傷痕，其它地方都是輕傷，例如牙齒被撞斷、眼鏡被撞破，還好眼睛沒受傷。最嚴重是右大腿骨被重力衝撞，從膝蓋上方的中間斷裂，向右折彎成直角。

事發後，恰巧有一輛台大醫院救護車經過那裡，車上還有隨車的醫生、護士。他們看到前方有事故造成交通阻塞，立刻響起「喔伊！喔伊！」的警示笛超車到那裡，及時將我載到台大醫院急救。還好頭部沒被撞到，在救護車上醫生問我的話，都能清晰的回答。後來才知道，原來他們剛好送病人去汐止，在回程的路上遇見我。

上了台大的救護車，自然是被送進台大醫院。但有個親戚從小腳就不好，她是讓當時台北市知名的骨科醫師鄭俊達治療，鄭醫師當時在中山醫院任職。母親雖然希望我能轉診到中山醫院，但一時間也不知該怎麼轉院。當天晚上，台大急診室人滿為患，醫生沒空理我，只打了止痛針，吃了消炎藥，就讓我在急診室走廊過夜。隔天清早才被推進急診室內，昏昏沉沉的睡著。

眼鏡被撞破了，我在還未睡醒且視力不清的迷迷糊糊之中，彷彿間看到有一個人走進病房，到每張病床旁將病人身上的點滴、營養劑、鼻子上插的管子等一一拔掉，當他快走到我的病床前時才驚醒過來，大聲呼叫，吸引了護士的關注，將闖入者押了出去。原來他是個精神失常者。他的行為讓大家受到驚嚇，家人便順勢向院方要求轉院。

在中山醫院經過精密儀器檢查後，鄭醫師說我的右大腿粉碎性骨折，已斷成五節大塊與很多小塊不等的骨頭。大塊骨頭可以拼接好綁起來，小塊的只能放棄。開刀時他在大腿骨中間打進一根約二十公分長的鋼釘，綁上五塊大腿骨，再讓骨髓滋生，將骨骼包覆在裡面。

在鄭醫師的解說下，我才知道骨頭斷掉後，重新長好的骨骼會比原來的更厚實。之前的骨骼直徑若是兩公分，此時會長成三公分，日後若再發生意外，原本骨頭斷掉的地方已經變得更強健，不會再斷第二次。因此，我明白了那句俚語「打斷手骨顛倒（會更）勇」的意義。真是不經一事，不長一智，雖然這智慧是用痛苦的代價換來的。

因為撞擊力道很大，那台偉士牌機車面目全非。肇事者住在高雄，車子是借來的。我是他那天晚上撞到的第二個人，他酒後駕車，撞到第一個人後正在逃逸，因車速過快，加上超車，接著就撞到我。但他撞到我以後依然逃走，多虧熱心的計程車司機記下車號。

那次車禍，至少花了二十幾萬元治療。我躺在醫院的那段期間，肇事者只來看過我一次。雖然他口頭承諾會負責，卻只允諾賠三萬元，媽媽說連吃補品的錢都不夠。最慘痛的是右腳在開完刀後，必須拄著拐杖才可以走路，醫生還擔心日後可能會跛腳，躺在病床上調養時常覺心有不甘，好不容易打下基隆的市場，瞬間化為烏有，自己還要跑法院，追尋刻意避不見面的肇逃者。

車禍發生時，父親不在台北。那年代台灣尚未開放民眾海外觀光，我透過朋友的公司幫忙，為他辦了護照簽證，讓他到日本九州宮崎縣，探望三十多年沒見的日本師傅。這是他第一次出遠門，每天都會打一通電話回家報平安。我出事後，母親六神無主，接到父親從日本打回來的電話，也不敢據實以報，只告訴他在日本若沒事就趕快回來。

父親心中納悶：「怎麼我才剛到日本，就要我回來？」但他還是按既定行程返台，到家後才知道我出這麼大的車禍。當他到醫院看見我躺在床上，就說：「我寧願你不要接家業，也不要你一條腿沒了，以後變成殘廢。」就這樣，我和父親默默地達成共識，自此再也不管家裡的工作。

在醫院躺了一段時間終於出院。回家走到門口時，父親趕快上前來扶我。不知為何，我堅決不讓他扶，我說：「既然我是自己走出去的，我也要自己走進來。」當時的我知道，無論家人對我有多好，未來還是要靠自己站起來。正如那句俗諺「打斷手骨顛倒（會更）勇」，怎麼跌倒的，我就要怎麼站起來。

開關 6

活在當下，學會放下

謝謝這位狗菩薩教我們：
「擁有時多珍惜，
失去時捨懷念」。

從初中、高中、服兵役到出社會，五次動刀與住院，母親總是無微不至的照料。古人說要二十四孝，這輩子我對她四十八孝也還不完。

母親鄭春枝女士生於一九三一年，十八歲就嫁給父親，是個很傳統的女人。父親創業後，店裡每天生意都忙到不行，她一下接訂單，一下又去幫忙製造，連生完小孩都不做月子，立刻下床操持大小家務與廠務。

個性保守的她，日常生活可以說只有家庭和工作，沒有朋友，沒有嗜好，唯一興趣就只是將家人照顧好。她記性很好，今年八十五歲，卻沒用過電話本，所有親朋好友的電話全用背的。若我們要找誰，懶得查電話，問她立刻就能得到答案。

我有六個兄弟姐妹，但從小母親就特別疼愛我，或許是因從小我常生病，從初中、高中、到當兵，住了好幾次醫院。為了照顧我，她也特別操煩。我結婚後，為了怕太太不能適應大家族的生活，就向父母提議先搬到家裡附近其他房子住，但每天依舊回家吃晚飯。

母親對內人很好，她嫁過來後，不用下廚、不用洗碗，因為母親覺得我們夫妻都在上班，工作很辛苦，這是她能做的，就該由她去做，她是那種體貼別人、不斷付出的女人。有時候內人想和她搶著洗碗，還會被她趕出廚房，就算想搶也搶不到。

她很勤奮，家裡做生意，雇了十幾個工人，但她仍習慣什麼事情都自己來。雖然家中的經濟狀況不錯，但所有家事仍由她一手包辦，因為她的個性很不喜歡麻煩別人。

前幾年，我們覺得她年紀已大，想找個外傭來家裡幫她，她很生氣的說：「找外勞來讓我伺候嗎？」從此我們就再也不敢提這件事了。現在她仍然每天一早起床，忙著清東清西，因為喜歡勞動，身體還很硬朗，也很少生病，從她身上我發現，常動的人就不容易生病。

兩年前女兒結婚，我才和太太、女兒、女婿搬出去住，但每周仍撥出三、四天回家陪母親吃晚餐。當我回家吃晚餐那天，母親就會很開心，她會到菜市場買菜，親自料理一桌美食，連我吃飯時都坐在旁邊看著我吃，有時候還會問：「你今天怎麼吃這麼少？」那種幸福的感覺難以言喻。

每逢要回家吃晚餐的那幾天，就盡量不安排活動，若有無法推辭的重要客人，二、三天前就會事先稟告她。我最害怕遇到的就是到了當天下午四、五點，才發現有重要的事情待理，因為我很怕母親看著做好的一桌菜卻沒人吃，心裡會很失落。

隨著年紀越長，越能體會孝還容易，順很難；也難怪《論語》裡子夏問孝，孔子的回答是：「色難。」對父母和顏悅色是最難的。如果只在父母有事時代勞；有好吃好喝時先給父母，這都還不夠。

外孫女出生後，媽媽超愛這個曾孫女，小孩子也很能逗她開心，讓她的高血壓、糖尿病都控制得很好，我也相當欣慰，這是我四十八孝裡的第一孝啊！

還不完的「天價」冰淇淋

太太林劉金珠則是我生命中與母親同樣重要的人，我們不到二十歲就認識，大學、當兵到退伍，她都一路陪伴。接連開了幾次刀，加上出車禍後可能成為瘸子，她都沒有離開我。原本在出車禍之前，我們已經決定好訂婚的日期，車禍住院到復健這麼久，她沒有悔婚，仍堅持要嫁給我，實在是很有勇氣。

我們是在大學時代因打工而認識的。在大一升大二的那個暑假，一群校外好友找我去新北市三峽區柑園一帶，在一家帆布工廠裡當暑期工讀生。自己家裡在開食品廠，父親對我要到那麼遠的鄉下地方打工，很不以為然，正值青春叛逆期的我，只想離家遠遠的，不顧他的反對，堅持要去。

那是一份賣勞力的工作，內容是將帆布裝上套扣，做了半天，找到竅門後就熟能生巧。一、二天後，掌握了裝套扣的訣竅，就越做越順手了。但做了五、六天後，公司答應給的加班費卻沒下文，和朋友屢次爭取，老闆還是不給，幾次交涉都沒結果，大家就辭職不做了。無事一身輕後，朋友就提議：「找個場地來開舞會，散散心吧！」

舞會地點在台北市石牌路一段，但朋友們帶著黑膠唱片、唱機與食物飲料，興致勃勃地準備開始時，卻發現這房子竟然沒電、舞沒得跳，大夥兒只好不情願的散場。

這時，她第一次出現在我生命中，原來太太也是來參加舞會的其中一人，離開前朋友說：「你和她家順路，就送她回去吧！」其實我住在三重，她家住台北市萬華，根本不順路，但在大夥面前也不好意思推卻，只好禮貌性地送她回家。

因為第一次見面，搭公車時我們都沒說話，到了萬華，我提議請她吃冰淇淋。男生為了假裝大方，第一次請女生吃東西，都會點最貴的，在一個麵包只要一元的時代，我們各點了一盒二十五元算是「天價」的冰淇淋。更糗的是結帳時才發現，我竟然忘了帶錢出門，結果那天還是由她付帳。

我非常不好意思的說：「下次找機會再請妳。」後來，打電話約她看電影，想要做為回請，第一次她還拒絕。我不放棄繼續約，就這樣我們開始約會，並成為男女朋友。

她老家在苗栗三義，是典型的客家人，因父母在台北上班，從小被阿公、阿媽帶大，直到小學五年級才來台北和父母團聚。家裡五個兄弟姐妹，食指浩繁，身為長女，必須幫忙分擔家計。從小她的成績就很好，高中聯考時考上北區聯招第二志願——中山女高，卻因家境無法念高中，改讀台北商專會計

科夜間部，白天工作，晚上讀書，半工半讀。讀夜校時她在當時台北市很知名的電子公司上班，因為字跡工整而擔任主管秘書。學校畢業後進入現在的公司當主辦會計。她的敬業精神與專業能力得到老闆賞識，後來公司要增資，便邀她入股當股東，後來升任總經理迄今。

我們認識時，她在天水路的「中外日語補習班」上日文，那時我還在念大二，下課後就去補習班等她，兩人再一起搭車回萬華，有時候會沿著環河南路，邊散步邊聊天走回家。後來我覺得反正在補習班等她也要花時間，不如也來上日文課，就這樣我開始學第二外語，對日後創業大有助益。

我與太太林劉金珠不到二十歲就認識，大學、當兵到退伍，她都一路陪伴。接連開了幾次刀，加上出車禍後可能不良於行，她都沒有悔婚，仍堅持要嫁給我，實在是很有勇氣。（這張照片是我自己拍攝的）

大學畢業後父母、親戚都催著我們趕快結婚，尤其車禍住院那段時間，她常來醫院照顧我，親友也都見過她。大家都說：「這麼好的女孩子去哪裡找？」但我當時覺得自己尚未有事業，不想太早結婚。這時父親用一句俚語提醒我：「父老子幼」，就是說父子間年齡差距不要太大，否則教與養上都會力不從心。叔父勸我：「男人最好先成家，再立業」。

在家族成員的殷切期待下，我們決定一九七八年十月訂婚。但在訂婚前兩個月，我卻出了那場大車禍，出院後還要拿著柺杖才能走路，又休養了十個月，醫生甚至說未來有可能不良於行。但太太沒有反悔，堅持要嫁給我，因還拄著拐杖，訂婚那天我沒去，連戒指也是媽媽幫她戴上的，這件事我一直感到內疚。

二〇一三年八月，公司在苗栗飛牛牧場舉辦活動時，同仁巧妙地安排了一場求婚秀，原本是要撮合一對同事，我與太太都是配角。沒想到同事求婚成功後，太太說自己當年都沒經歷過這麼浪漫的過程。

結果就在同事們的叫好慫恿下，我當場跪了下來，當著眾人的面向她求婚，完成了她年輕時的心願。但之前欠她的那一盒二十五元「天價」冰淇淋，我用一輩子也還不完。

擁有時多珍惜，失去時捨懷念

一九八〇年十一月，我和太太結婚了。我家是大家族，家中有六個兄弟姐妹，全家還都住在一起，姑嫂叔嬸也住在隔壁。她進門後要認識一大家子的親戚，對她來說很不容易。我是家族裡的長子、長孫，又是第一個結婚的男生，對太太來說，壓力更大。白天我們兩人都在工作，我怕她一時還不能適應，就取得父母同意先住在附近，直到生下女兒、兒子，在兒子三、四歲時，才搬回和父母同住。

雖然交往長達七年，兩個不同成長背景的人，婚後要生活在一起，難免會有許多生活瑣事需要適應，從擠牙膏要從前面還是後面擠？都要慢慢磨合。從相處中我也漸漸了解她的個性，找到相處之道，也領悟到家庭是講情，而不是講理的地方，理講越多情就越薄，要用情感去包容，當雙方意見不合時，盡量去思考對方的優點，就能化解不愉快。

女兒和兒子相繼出生後，再加上兩個人都有工作，在各自的生活裡很忙碌，越來越少溝通。所以到三十歲時，我和她約定，要培養一文一武共同的興趣，否則年紀大了生活沒有交集，情感也就無法交流。一文就是我們一起看書、看電影與研讀「賽斯身心靈資料」，一武則是相偕打高爾夫球與出國旅遊。

「夫妻是緣，善緣、惡緣，無緣不聚。」根據我自己的經驗，夫妻關係就是誠意、經營、包容、溝通（口不出惡言）與給對方所要的，簡單說就是要互諒互補，一個五十分的人加另一個五十分的人，才能成為一百分的伴侶。

「平平淡淡，是幸福的人生；多采多姿，是豐富的人生。」每個人的人生究竟要豐富？還是幸福？都是個人的選擇，沒有對錯。前幾年女兒生下外孫女，家裡有個小嬰兒，氣氛更加熱鬧。現在家人都將重心放在可愛又有趣的外孫女身上，我們的生活既幸福，也豐富。

太太的個性內向，對美的事物敏銳度很高，對藝文的品味也很獨到；很貼心打理我的日常起居，是我一輩子的貴人。她感情內斂，幸好後來家裡養了一條狗，融化了她的心，全家也因為這條狗凝聚了感情，這件事要從女兒說起。

女兒一直很想養隻狗，但全家人都反對。二〇〇四年一月十五日，女兒在取得我的默許後，偷偷帶著一隻剛出生的黃金獵犬 Bonco 回家，當時媽媽與太太都很生氣，因為家裡整潔都是她們在打理，狗狗剛來到新環境，還小，沒受過訓練，在家裡隨地便溺，太太邊清理邊生氣。

但是，這條狗很會撒嬌，無論太太怎麼罵牠，牠都跟在身邊亦步亦趨，

2013年8月，公司在苗栗飛牛牧場舉辦活動時，一場原本要撮合一對同事的求婚秀，我與太太都是配角。卻在同事們的叫好慫恿下，我當場跪了下來，當著眾人的面再向她求婚。

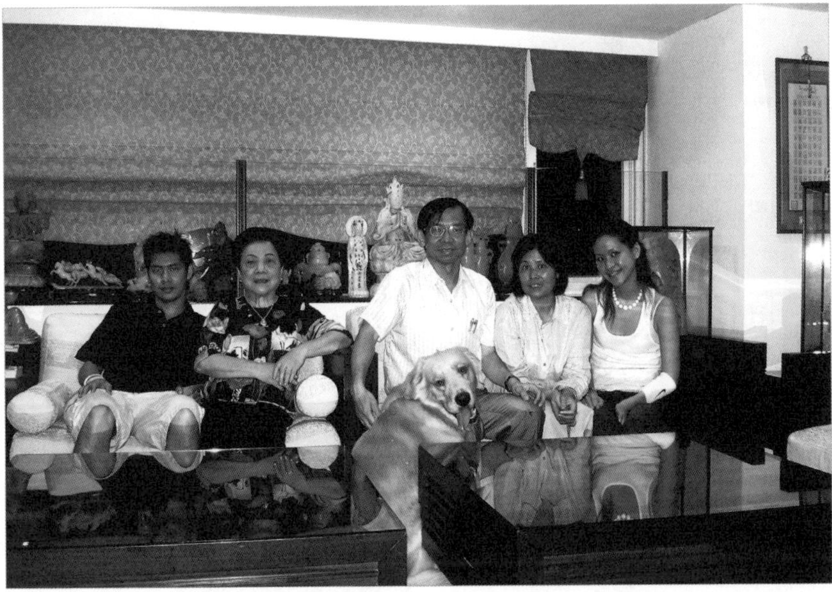

我（右三）與太太（右二）、女兒（右一）、母親（左二）、兒子（左一），還有我們的黃金獵犬Bonco。每個人回到家的第一件事，就是找牠玩耍，狗兒拉近了全家彼此的距離。

還用可愛又深情的神情看著她，漸漸地他們的關係變得很好，晚上都睡在我們的床沿下，幾乎形影不離。太太很早就吃素，為了狗，還去買肉、骨頭等，親自煮飯給牠吃。

我們家是三代同堂，因為這條狗，媽媽、太太、小孩開始有了共同話題，大家平時各忙各的，關係難免有些疏離，卻因狗狗拉近了彼此的距離。每個人回到家的第一件事，就是找牠玩耍。牠帶給家人的快樂非常多，因為牠的到來，家庭氣氛歡樂、柔軟許多。

有時候我比較早下班，太太會要求我去溜狗，溜狗讓我發現一件饒富意味的事。牽著牠散步，即使每天都走著同樣的路線，每一次卻都像是牠第一次走這條路般雀躍開心。透過牠，我發現狗永遠活在當下，原來幸福可以如此簡單。

牠也是我們家的外交官，家人常牽牠出去，鄰居都認識牠，甚至比我們還受歡迎，有時候全家出國，請妹妹幫忙溜狗，鄰居認狗不認人，她還被問道：「妳是不是偷別人家的狗？」實在是很有趣。

二〇一四年二月，我們發現牠得到癌症，送牠去醫治，可惜還是無法挽回生命，四月十日，牠就在太太的懷裡去世了。因為一個原本非常依賴她的生命忽然間消逝，太太的傷心難過自然是不在話下。

養牠十年，也感受到寵物強大的治癒能量。牠永遠帶著憨厚的表情、無辜討喜的眼神，並且忠心的守候在身邊。當在工作中或生活中碰到不開心的事情，牠不但能讓人們在心裡壓抑的情感更容易宣洩出來，還能緩和情緒，讓心底的愛得到充分的交流，牠真的是一位「狗醫生」，甚至還是個「狗菩薩」。

死亡，一直是每個人最難面對的課題，養寵物卻是最好的生死訓練，因為牠的壽命比人短，狗的一歲約等於人的七歲，在養牠時我們就已經知道牠會比我們早走，這讓我們學習如何用更坦然的態度面對人生，同時更珍惜身邊擁有的一切，也珍惜能與家人共度的每一天。

Bonco用牠十年的壽命，提醒我們一家人：「擁有時多珍惜，失去時捨懷念」。謝謝這位狗菩薩，牠教會了我們：「活在當下，學會放下」。

開關 7

十個甕不能只有七個蓋

公司沒跟銀行借過錢，
就是在銀行「沒有信用」，
但我樂於當這類人。

俗話說：「能受天磨真鐵漢」，我也常以此勉勵自己。在我二十五歲之前，遇到四次的生死大關，加上大一時在經濟系讀得很有挫折感，因此早已有了創業的念頭。

當父親在問我未來想做什麼時，用了無比堅決的口吻告訴他：「創業，如果不讓我試一次，到我走的時候，眼睛也不會閉的。」為了這個死不瞑目決心，從大二起，就開始練功夫、做準備，我相信機會是給已做好準備的人。

只當了兩個月的兵，就因為盲腸炎引發腹膜炎退伍，又因一場嚴重車禍，離開原本工作了九個月的食品公司，也放棄了原本要接父親事業的計畫。那時家裡除了食品加工廠，在一樓還開了間家具行。復原期間因為拿著枴杖不良於行，就搬到一樓住，平時沒事就幫忙顧店。一九七九年過完年後，腳傷復原得差不多，待在家閒著也沒事，心想應該去找份正職了，於是四處投遞履歷。

我是公立大學畢業，那年代大學生少，找工作相對容易些。一家上市紡織公司要找總經理特助，我通過筆試後參加面試。原本與總經理相談甚歡，口頭邀約來上班。但起身離開時，那時車禍的傷勢尚未痊癒，走路時腳還有點跛，被他看到了，他可能覺得當特助是公司門面，怎麼能錄用一個跛腳的大學生？最後沒被錄用。

那時紡織是當紅產業，我應徵的又是很好的職務，卻因腳傷而被刷下來，心裡相當難過。但幾年後紡織業因美國配額減少而逐漸沒落，我反而慶幸當時沒投入這一行。人生的際遇是福是禍？都要交由時間來判定。

創業成為老闆後，因為這段不愉快的經驗，讓我在面試時，總是提醒自己，不要因對方的外在或身體缺陷而決定是否任用，要以能力適任性來決定。

幫別人，自己受惠最大

一九七九年四月，透過報紙徵人廣告，看到國誼貿易公司在招考業務，經過考試通過後被錄取了。國誼是國泰集團的分公司，由國泰信託的蔡辰男先生與國泰塑膠的蔡辰洲先生合資成立。公司分為出口及進口兩大部門。在當時台灣有四大貿易公司，國誼也希望可以成為第五家，未來能變成像日本三菱、三井等九大商社那樣的以進出口為主的大貿易商。

進入國誼後，公司要拓展新領域，讓新進同仁各自思考未來想要發揮的領域。一位大學同學正從事汽車零組件外銷出口，向她請教後，得到非常多寶貴資訊。我確定了汽車零組件在台灣方興未艾，很有發展空間，就向公司提出要專攻這個領域。獲得認可後，我立刻拿著同學提供的資料，每周搭巴士到中南部拜訪潛在供應商，並積極策劃將來外銷歐、美市場。

進公司七個月後，才剛熟悉業務，沒想到卻發生重大的組織變革。那年國泰集團正式分家，從一個集團拆成四個體系，原本屬於蔡萬霖體系的十信等由蔡辰洲接手；蔡萬霖（霖園）取得國泰人壽；蔡萬才（富邦）取得國泰產物；蔡辰男取得國信系統旗下四十家公司，包括國泰信託、國信食品、樹德營造、國泰租賃等。十二月，公司被併入蔡辰男主導的國信集團，而蔡辰男與蔡辰洲是同父異母的兄弟。

國誼貿易原本是要成為大型貿易商，它的其中一項業務是替國泰塑膠出口。因為分家讓出口業務取消了，只留下進口部門。蔡辰男正在籌建「來來香格里拉飯店」（現改名為「台北喜來登飯店」），預計於一九八一年三月二十四日開幕。我們在開幕前被併入，業務也變得很單純，主要針對來來飯店所需要的品項進行採購，包括浴缸、毛被單、家具、餐具等。我剛開始負責採購餐具和食品，等於又要從頭摸索業務。

我和飯店業素無淵源，卻因為公司合併而踏進這一行，當時有幾個同事認為志趣不合都離職了，我卻決定留下來試試。國誼貿易及來來飯店，可說是我的第一份正式的工作，我認為自己沒什麼經驗，而以學習的心態來求職，事後證明這份工作確實對未來有很大的幫助。

進入飯店業時我才二十四歲，一如往常的做著份內工作。不懂餐具和食品，只能更認真的學習。來來飯店有一千多名員工，工作中要與各部門、形形色色的人打交道，讓我學會了人際溝通的重要性。

來來飯店在籌備期還有一項創舉，就是和日本知名的大倉集團（OOKURA）飯店連鎖體系合作（兩年後取消合作，改加入喜來登體系），提升台灣五星級飯店的國際水準。大倉集團派顧問及技師來指導我們，這些日本幹部長駐台灣，對房間佈置、動線，以及開設哪些主題餐廳，購買哪些餐具、設備等，都做了完整規劃。

為了教他們中文，公司也派了一對一的家教，但他們的中文還是說得不好。有時顧問家裡的燈泡壞了，會到採購部門找人幫他們買燈泡，他用辭不達意的中文描述問題，還好我學過日文，能用不流利的日文回答他們。我對他們的疑難雜症都提供熱心協助，忙也就越幫越多，包括顧問的太太來台時要去機場接機；他們家中小狗生病，也由我陪著日籍太太帶小狗去看獸醫。在互動中順便請教這個時候日文該怎麼說，我的日文程度因此突飛猛進。

至於英文也是這樣練出來的。來來飯店用了不少外國人，如從當時「財神酒店」聘請來國際級法國廚師 Mr.Leon、餐廳部經理 Mr.Otto 等，我的個性比較雞婆（熱心），英文也還可以，他們在工作中或私底下有事情時，都會找我幫忙，因此有機會鍛鍊英文。

我一直深信：「幫助別人，受惠最大的是自己。」在來來飯店時，同事找我，只要能幫忙的都做，因為我知道「你給出什麼東西，都會回到你身上」。當員工時我明白，在職場最重要的是做人，做個讓人信賴又負責任的人，有才又有德，將來人生的順遂，自不在話下。

記筆記的習慣

在工作中我從不計較自己多做了哪些事，只要有同事要求幫忙，都會積極協助，因此無意間多了不少練習日文和英文的機會，也讓採購工作進行得更加順利。另外在工作中，經常接觸來自世界各國的廠商，飯店有部分餐具是向日本採購，和日本人接觸時，我發現來出差的同一家日本廠商，每一趟派來的代表都不一樣，例如上一次是Ａ君來，下一次是Ｂ君，接下來是Ｃ君，但每一位對我們之前談過的事情都瞭若指掌。

有一次我很好奇的詢問他們，為什麼這麼清楚情況？因為連我自己都不記得之前和Ａ君、Ｂ君講了什麼。日本人回答說：「因為我們回到公司後，都會記錄每一次的會談及結果，方便下一位接手的同事能馬上了解。」這個經驗讓我知道了做筆記的重要，並將它變成習慣。

後來我發現光抄筆記還不夠，必須隨身攜帶三樣東西：筆記本、錄音機與照相機。我會用二十孔活頁紙當成筆記本，目前已經累積三十多年的記錄。隨時有人問我過去的事情，我都能翻出當時的筆記查詢。

至於錄音，在談話時我會先問對方可不可以錄音，如果可以，就邊問邊錄，回家後再聽錄音檔重新整理，加深印象。有需要時就再加上照相。在來來飯店工作期間，曾經發生一件事，讓我差一點丟了工作，還好靠著勤作筆記而逆轉勝，更獲得主管的讚賞。

飯店開幕後，蔡辰男常到餐廳吃飯，他是個老饕級，懂得吃，也精於烹飪。他的嘴很刁，吃得出湯裡的龍蝦湯是冷凍的龍蝦頭，還是新鮮熬出來的。有一天，他到中餐廳吃飯，吃到了魚翅，才喝幾口湯，就發現湯裡有汽油味。他把主管叫到面前問：「到底是怎麼回事？」對餐廳來說，這是一件十惡不赦的大事，主管聽到後嚇到了，立刻開始查，並要揪出幕後兇手。

當時的情況嚴重到如果處理不好，可能有好幾位主管必須走人。我負責食品採購，便成為調查的重點，當天臨時緊急被餐飲部協理叫去開會。大家認為魚翅有汽油味不外乎有兩個原因，一是廚房有錯，二是買進來的東西不對，同事們也等著看我出洋相。

幸好平時有記筆記的習慣，採購時也很謹慎，會向廠商詢問得很仔細。協理問我為何魚翅裡有汽油味時，我拿出筆記向他報告，這些採購的魚翅是在印尼外海抓到的鯊魚，因為在印尼經濟海域不准抓鯊魚，台灣漁民要付費給當地軍區官員，才能進入印尼領海捕魚。漁民抓到鯊魚後，因為時間緊急，將鯊魚割掉魚翅，就往地上沾有汽、機油的甲板丟，可能在那時就沾到了。

另外還有一種可能性，就是商人賣魚翅時，為了增加魚翅的重量，提高整體價錢，不會切掉魚翅上的肉。但又怕肉長蛆，蝕掉肉的重量，使魚翅變輕，售價變低，通常會噴上殺蟲劑（DDT），再將魚翅放在地窖裡保存，那是密閉式的環境，有可能是殺蟲劑滲入魚翅裡產生的化學變化。

協理學的是化工，他聽得懂我的說明，又看了我採購時的筆記，很肯定我對工作的投入，竟然連鯊魚在哪裡捕獲、如何處理，都能一清二楚。原來有經驗的廚師都知道魚翅上可能會有汽油味，在料理時必須小心，事前應放入冷水中浸泡十小時以上，等到魚翅回軟了，再沖洗後放入沸水中調理。所以，煮過的魚翅還有汽油味，責任應由廚房來承擔。

協理對我的說詞很信服，於是在追究責任時力挺我，讓我保住了工作，也對我另眼相待，覺得我是個可以栽培的人才。

抓大抓小放中間

在來來飯店工作的七年，對我一生的影響很大，也是生命的重要轉折，因為我親眼見到當時全台首富蔡辰男的風光及大起大落，令人不勝感慨。那個年代他是台灣風雲人物，因為國泰在台灣建立了一個富可敵國的集團，分家後，蔡辰男主導的王國，旗下有四十家公司，他手中握有高達近千億的資產，可說是蔡家之首。在當時人們只要提起「國泰蔡家」，指的就是他。

他是一個非常聰明且博學多聞的人，從小就過著眾人簇擁的生活，並受貴族精英教育長大。雖然含著金湯匙出身，卻不是那種玩世不恭的公子哥兒。相反的他才智過人，氣度恢宏、口齒伶俐，為人八面玲瓏，而且能幹、肯幹。一九七九年曾經一度謠傳蔣經國想邀他擔任經濟部長，雖然事後證實只是傳言，但由此可知他對金融、財經有多嫻熟，可說是個國家級的幹才。

能夠在如此厲害的企業家手下工作，讓我學會了許多商業上的策略。蔡辰男偶爾會出席我們的會議，有一次他提起餐廳採購技巧，他說：「我們要提供客戶物超所值的服務，例如每位來吃自助餐（Buffet）的客人都想吃市價較高的蝦子，但客人只會算自己吃了幾隻，並不會在意蝦子是大尾，還是小尾。若大尾蝦子一斤十二尾，價錢較貴；中尾蝦子一斤十六尾，價格中等；小尾蝦子一斤二十尾，最便宜，餐廳既要滿足客戶的需求，又要控制成本，採購鮮度得宜，最便宜的小尾蝦子即可。」

他日理萬機，卻連採購蝦子這種小事都會關心，而且對市價瞭若指掌，令我感到敬佩。後來我明白蔡辰男做事原則是「抓大抓小放中間」，創業後我也學習他的管理模式，經營時只要管大方向和小細節，基本上事情就能朝正確的方向走，出錯的機會也就不會太大。

另外我也佩服他敏銳的商業嗅覺，一九八一年麥當勞剛進台灣，第一家店開在民生東路，「真正西式速食漢堡、炸雞、薯條，到底是什麼味道？」引起台灣民眾的好奇，麥當勞每天都湧現排隊人潮。「有人潮的地方，就有錢潮」，麥當勞現象吸引了蔡辰男的目光，他的腦筋動得很快，立刻指示飯店將左側店面空出，開了一家「樂客思」的速食店。

開速食店需要的設備、機器、食物及器皿，都需要重新採購，當時市場資訊不是那麼透明，要立刻找到能配合的供應商，需要花費一些時間。但他的個性非常急，只要是要求的事，馬上就要給他答案。一天上午，他拿著一個紙杯到餐飲部，要求主管下午就要找到供應商。老闆很急，同仁們翻天覆地的查找資料，遍尋不著供應商，到了隔天還是苦無答案。

此時我專門負責食品採購，器皿原本不關我的事。但我的辦事能力及效率很高，在部門間很紅，同仁火燒屁股，只好找我求救：「老闆馬上就要，但我們找了很久都找不到，怎麼辦？」我拿起這個紙杯，細心的翻看，在杯底看到印有公司名稱的字樣後，翻查黃頁，循線找到了這家供應商，解決大夥兒的燃眉之急。自此我就成為器皿組的救火隊，我們部門經理也很驚訝於我的工作能力。

不久蔡辰男又拿著一個日本製的「日光牌」（NIKKO）磁器杯子，要求飯店要進貨。器皿組的同事依然找不到供應商，又來找我解決問題。平常我就有翻閱餐飲方面雜誌的習慣，印象中好像看過這個牌子，循線找到日本總公司，因為會說日文，便打電話到日本請教，他們介紹了在台灣的經銷商。我立刻請他到飯店商談採購事宜。

同時間，我的經理氣急敗壞的來問我：「到底找到人沒有？」我告訴她：「對方已經在辦公室了。」平時器皿類不是我的業務範圍，她其實無權要求我。但聽到我的話後，立刻改變態度，還搖著頭非常不可思議的說：「你怎麼那麼厲害，竟然這麼快就把這麼困難的事完成了！」

經過幾次事件，她改變了對我的態度，也認為我是一個人才，對我非常器重。還說：「無論你將來做什麼生意，都要找我一起做。」並介紹她老公給我認識，我們偶爾會私下聚餐、打乒乓球。一九八三年，她進一步邀請我和另外一位同事，三個人合夥開公司，初期資本額不高，每個人只出三、四萬元，不過公司成立後並沒有實際運作。

不久因為在飯店裡工作需要定期輪調，她將我調去負責採購工程組品項，可能覺得對我不好意思，竟將股份退還給我，這件事情讓我有些不開心。因為這只是體制內正常的工作輪調，並不需要覺得對我有所虧欠，尤其我心底一直有個創業夢，原本還期待三人合夥的公司能儘早營運，結果就這樣莫名其妙的灰飛煙滅了。

雖然首次與人合作的「頭家夢」破滅，但我並不灰心。因為我相信「信念創造實相，個性決定命運」，你怎麼想，就會有怎麼樣的未來。因為觀念會影響情緒，再影響行為及未來。趁著年輕，要趕緊找到自己的夢想，向著目標衝刺。

有多少錢，做多少事

五星級飯店是蔡辰男的眾多事業體之一，他曾經說：「我開飯店，說穿了，就是男人的大玩具。」但這個玩具除了提供住宿外，還有一個很重要的功能：宴請貴賓。以當時蔡家在國內的勢力，宴請的對象都是重量級人物，飯店裡經常是冠蓋雲集，很多平常只能在電視媒體裡見到的政界或商場人物，晚上都會匯聚到來來飯店。在國泰集團最風光時，檯面上所有叫得出名號的人物，幾乎都見過他們蒞臨。

然而，如此厲害的人物，卻身陷弟弟蔡辰洲惹來的十信事件。一九八四年一月，財政部已經盯緊超貸風波越演越烈的十信，波及父親蔡萬春、叔叔蔡萬才、蔡萬霖及哥哥蔡辰男。但蔡萬霖和蔡萬才負責的是壽險及產險，慶幸躲過一劫。因為壽險及產險的投保年限較長，大約二十年至三十年，合約上都會註明，保戶若解約，必須吸收絕大多數的保費損失，這樣並不划算，因此解約者很少。

不過蔡辰男負責的國泰信託就沒這麼幸運了，受十信事件牽連，信託的存款戶是短期合約，即使是定期存款，解約後最多也只損失利息，為了保住本金，紛紛到國信解約，造成擠兌風潮。偏偏集團裡又大量運用財務槓桿原理，資金調度一出現問題，集團下所有公司都受到骨牌效應的影響。

置身風暴中，我們也像所有民眾一樣，盯著看局勢的演變。事件吵得風風雨雨，班也上得不甚平靜，每天都像在作戰。那時蔡辰男在報紙上還開了一個專欄，對社會大眾心理喊話。上班前同事們都會看完專欄，揣摩老闆今天的心情和外界反應，一刻都無法輕鬆。

公司在風雨飄搖中，很多同事選擇離職，提早自謀生路。但我卻決定留下來看公司怎麼走下去？因為能夠置身在全台灣最重要的事件當中，是一個人、一輩子在職場當中很難得的經驗，一定能夠從中學習許多。

十個甕不能只用七個蓋，否則遇到問題就無法應變了。幾個月後，以蔡辰男、蔡辰洲為首的國泰王朝，一夕之間全部倒塌，昔日的風光不在。眼見他高樓起，又眼見他樓塌了，心裡有無限的感慨。起初沒有人相信，台灣首富有一天竟然會破產，但這一切都敗在高風險的財務操作上。

離職前我又進了一次醫院，這是第五次開刀。右大腿因車禍斷成五節，放進一根二十公分的鋼條，這根鋼條不知為何，遇到天氣轉換，就會在體內熱脹冷縮，常常浮升會挫到我的臀部，造成生活上的不便。到醫院複診後，醫生判斷經過這麼多年，骨頭已經固定，骨髓也長出來，可以開刀取出鋼條。於是向公司請病假，並住院調養一段時間才出院。出院後不久，來來飯店易手，我也就藉機離開工作了七年的環境。

蔡辰男國泰王國的瓦解，讓我學會很重要的一門財務功課，創業後，我堅持公司不向銀行借錢，公司所有的廠房、設備、土地、建物，全都用現金購入，沒向銀行借過錢，在銀行看來就是「沒有信用」，但我樂於當這類人。

有多少錢，做多少事，賺自己心安理得的財。不貪心，要知足。財務上的保守經營，三十年來躲過無數場景氣風暴，公司也能在穩健經營中往前直行。在來來飯店學到的這門功課，讓我一輩子受用。

開關 8

你若精彩，天自安排

感謝那些讓我受苦的人，
他們步步進逼，
讓我不敢鬆懈。

對我一生影響最深的人就是我的父親——林國明先生，除了因為他也是個創業者和經營者外，受日式教育長大的他很有威嚴，眼神凌厲，不講話就能讓家裡所有小孩安靜，也從來沒人敢在他面前造次，從小我對他就很尊敬。

父親出生於一九二五年，他的老家在新北市三峽區橫溪一帶的礦區，當地對外交通不便，出門時要搭運煤用的人力輕軌鐵路（俗稱輕便車）。因為山上工作機會少，父親讀完小學就到台北市重慶南路一帶（日據時代稱為「城內」），在一家日本料理店當學徒，晚上住在日本老闆家中。

因為年紀最小，白天他總是最早到店裡打掃，接著準備食材，晚上還要收拾、清理完廚房，做完所有工作才睡覺，一直做到十八歲被徵召入伍為止。他當的是海軍，在船上學習修理輪機，了解機械原理及常識。因從小在日本人家裡工作，融合了日本人的認真踏實與台灣人的精明幹練，在軍中很受重用，原本還要被調到日本，幸好日本宣布投降，他才平安回到台北。

戰後日本人必須舉家遷離台灣，雖然日本師傅對他很好，但最後卻決定將日本料理店留給他的師兄繼承。當時父親非常難過，於是決定自己出來創業。他到三重開設明芳食品工業廠，提供日本料理店需要的食材。工廠製作的食品很多，包括芥茉醬、營養豆腐、沙拉醬、沙茶醬、白醋、烏醋等。父親經營企業的理念，成了我的啟蒙恩師。

校友會成就的姻緣

父親很有交際手腕，台北地區的日本料理店，幾乎都是他的客戶。除了食品廠，一樓也賣傢俱，前店後廠，所以小時候家裡來來往往的客人很多。工廠請了十幾個員工，父母都很忙碌，也沒空管六個小孩，全都放牛吃草。

父親的個性一板一眼，說什麼就是什麼，根本無法商量，孩子們都很怕他。小時候每次零用錢不夠用向媽媽要，她就要我自己找父親討，我不敢，只好鼻子摸一摸，低頭走掉。

父親的身體很硬朗，印象中他和任何人比腕力都贏，也一直都在練功，初中時我的身體不好，他要我跟著蹲馬步、練形意拳，慢慢也真的好轉了。現在我練甩手功加上蹲馬步，也要感謝父親的啟發。

但他太有威嚴了，讓我們幾個兒女都很難親近。直到他晚年時，才刻意拉近和他的距離，例如邀他去學旋轉氣功，就是想製造相處機會，尤其是在擁抱時，也圓了我兒時的心願。

他的職場歷練豐富，常稱自己是「三重大學」畢業的，從小常和我說些生意經，例如遇到事情要如何處理等等。大學畢業前我比較叛逆，總將他講的話當成耳邊風。儘管如此，他還是不停的說：「我現在講什麼，你都不太聽，我認為是對的、對你有幫助的還是要講。」現在我與兒子、女兒及女婿相處時，就能體會當年他的苦心，也打從心底感念他。

父親話不多，但卻精煉且富有人生智慧，例如他說「別在這山望那山」、「未曾相殺先想輸（投資前先想輸不輸得起）」、「人要有量才有福」、「一世人賺多少錢都註好好，別肖貪（要知足）」、「生意人比扒手還厲害，扒手是趁著你不注意時把你的錢偷走，生意人是光明正大，用服務讓人心甘情願

我和飯店業素無淵源，卻因為公司合併而踏進這一行，開始負責採購餐具和食品。在來來飯店工作的七年，對我一生的影響很大，也是生命的重要轉折。

1977年我從中興大學畢業，父親與我在校園中合影。父親的職場歷練豐富，常號稱自己是「三重大學」畢業的，從小常和我說些生意經，是一生中影響我最深的人。

把錢給你。」、「到人家公司裡談生意，要察言觀色」、「到人家家裡，不要靠近人家放錢的地方」等。

父親在晚年成了很虔誠的一貫道信徒，吃素、一心向道。一九九九年十一月三日他突然往生。那天晚上他到道場學經，吃完飯後就倒在地上，送台北署立醫院急救，醫生說是心肌梗塞，過沒多久他就去世了。

更不幸的是在同一天早上，我的岳父往生，他是一早洗完澡倒在浴室就去世了。那天我在日本出差，上午才接到家裡電話說岳父走了，不敢相信到了晚上，又接到噩耗說父親走了。一天內兩位親人離世，讓我感傷不捨。

為感念父親，二〇〇一年我用他的名字在母校台北大學經濟系成立「林國明獎學金」，這是緬懷父親及感謝母校的最好方法。也因此二〇〇五年受邀參加了經濟系友會，二〇〇七年擔任理事長，兩年後卸任。在理事長任內，出資贊助架設網站和辦活動，並廣邀歷年畢業的經濟系友聯誼。

因為擔任經濟系友會理事長，二〇〇九年受邀參加台北大學校友會活動，認識了一群好朋友。林義煊秘書長找我們假日去爬山，爬山時都帶太太去，她們也變成好朋友。後來我們十位好友成立「如水居」，名字來自「君子之交淡如水」，居訓就是：「愛鄉愛土愛水某（水某就是台語美麗的太太），重情重義重兄弟」，橫批則是：「如魚得水」。

二〇〇九參加台北大學校友會，認識了一群好朋友，假日爬山時都帶太太去，她們也變成好朋友。我們成立「如水居」，名字來自「君子之交淡如水」，居訓就是：「愛鄉愛土愛水某，重情重義重兄弟」，橫批則是：「如魚得水」。

在「如水居」裡，和我最契合的是住得很近的丸莊醬油董事長莊英堯夫婦。「如水居」經常都有聚會，活動時我們偶爾也會把子女帶出來，一起吃飯、認識，二〇一一年我的女兒和莊先生由美國返台任職的二公子認識，進而交往，後來結為兒女親家，兩人在二〇一三年二月結婚。

因為感念父親的教誨，設立紀念父親的獎學金，進而參加系友會、校友會、「如水居」讓女兒找到很好的對象，讓我感到很高興。結婚致詞時我全程以台語（因母親只懂台語）說：「沒想到當初為了感念父親的教誨而成立的獎學金，卻為女兒成就了一段好姻緣。」

然而，女兒結婚時，我卻無法割捨，迎娶

過程中我哭了四次。雖然捨不得，卻也很高興女兒能找到這麼好的歸宿和自己能有這麼好的女婿。為了紀念父親，因此成就了一段姻緣，可見父親對我們的福蔭至今猶在。而我與英堯兄「親上加親」的佳話，也被譽為「校友會最佳代言人」。

花若盛開，蝴蝶自來

我的志向是創業，即使在來來飯店工作，仍然沒有忘記這個初衷。因此只要有時間，晚上就會去進修。我認為離開校園才是學習的開始，因此樂於也勤於參加各種課程，例如謝安田教授的《協商談判》，以及曾仕強先生的《中國式管理》。

曾教授在課堂上講授很多用在社會上的觀念，例如「圓滿大於是非」，意思是凡事不是只在爭輸贏，也要在人際間得到圓滿；他還講到「持經達權」，意思是有所變，有所不變等，在創業後很受用。

另外，還去上《會計實務班》，課堂上老師把借方、貸方等觀念說得非常清楚，讓我一下子就豁然開朗。同時老師還解說台灣的稅法，這是在當年以美國稅制為教授主題的大學課堂裡聽不到的知識。我常建議年輕人不管從事任何行業，一定要搞懂稅法，對財務要有清晰的概念。

十信事件爆發後有一天，我和年齡相近的表弟洪瑞裕（現為圜達副董事長）聊起創業的事。他白天在沖壓工廠上班，因為用心學習，對這一行很了解，但因老闆的經營狀況不好，薪水總是有一搭沒一搭的領。為了貼補家用，他晚上會接些家庭手工回家代工。

他知道我在上管理的課，就常問我一些工廠生產線流程及管理等問題，我也提供他一些不錯的建議。而我因十信國信事件未歇，讓我萌生創業的決定，他也因服務的公司狀況不穩定，也想創業，問我開補習班好嗎？原來他想教人家畫模具。我說：「這個事業格局太小，如果是沖壓廠或許還可以，但需要相當多的資金。」

一九八四年底，一位朋友拿了一顆約一至兩公分大小的開關給我們，他說：「這項產品目前都由美、日進口，台灣好像還沒有人做。」問我們是否有興趣做。初生之犢不怕虎，我們就這樣展開了創業之路。

創業之初，公司很小，只有表弟一人，他負責設計，做第一顆開關。公司草創期也不需要其他人力，因此我依舊在來來飯店上班。但入行後才發現，開關這項產品看起來雖然簡單，卻有技術上的難度。加上創業的資金不多，一切克難展開，技術又不行，做出來的不良品一大堆。

在不斷嘗試下，終於做出產品了。幸運的是在一九八五年五月九日這一天，我們正式賣出了第一批產品，開出第一張發票，以後我們就以這一天當成創立的日子。

做出第一個產品時，弟弟剛好在一家專利公司上班，他建議我們最好要先申請專利，免得上市後發生問題。我也聽進了他的話，在設計開發的同時，也向專利局提出專利申請。在申請的過程中，還真發生了意想不到的事，差點毀了這間還沒站穩市場就風雨飄搖的小公司。

在競爭中壯大

那時台灣每年十月在台北松山機場旁的展覽館，都會舉辦電子展，因公司剛成立，來不及申請參加展覽，就向朋友借了攤位的一角展示。展覽時，為了吸引過路客人的目光，我們做了一個五十公分乘十五公分大的開關模型，擺在攤位前。

沒想到展覽時最大的競業廠商就在我們隔壁，他們進入開關產業只比我們早約一年，但因公司成立較久，在市場已小有知名度，展覽一開幕，這家公司在沒有預先知會我們的情況下，竟然報警到攤位以「仿冒」之名抓人並

1991年2月26日，圓達五股廠動工。1985年創業之初，公司只有表弟一人，而我依舊在來來飯店上班。起初是用租來的公寓當廠房，幾年後我們終於有了自己的廠房。

最早開發之產品
DIP SW系列之NDS (原名為DS，因導入自動化生產改名為NDS)

最多產量的產品
TACT SW系列之TE-5 (統稱TACT 1.5)

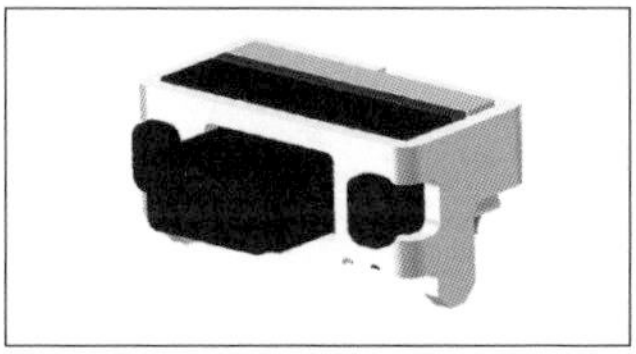

最具獨特代表性的產品
側向TACT SW 之TCD (PCB結構多層零件堆疊開關，尺寸: 2.3mmx4.5mmx2.05mm PC板模式及膠帶多層堆疊組合)

查扣產品，還將會場上的業務同仁帶回警局製作筆錄。

在那個年代，「仿冒」觸犯的是刑法，觸法者是要被抓去關的。我是公司負責人，要關的就是我。沒想到公司才起步，第一次參展就涉及法律爭議。但和律師討論後，他卻要我們不要擔心，因為我們已經在申請專利，加上那家公司的產品和我們仍有不同的特色，並非完全一樣。

法院第一次開庭時，通知單只以平信寄發，我因為沒收到通知，也就沒出庭，對方就向法官指控我畏罪，所以不敢出庭；第二次法院再發傳票，通知單才以掛號信寄出，若這一次我還沒出庭，下次就要被拘提了。

幸好第二次開庭前，稍早已申請的專利核可通知終於下來，但附有條件：「根據法令規定，須經三個月公告期間，若該產品的專利無人提出異議，才能取得專利」。取得專利核可通知，在法庭上站得住立場，經過協調後，和提告的這家公司達成和解協議，兩家公司互相授權使用專利，並在《經濟日報》、《工商時報》刊登啟事，敬告同業。

創業初期，雖然我們度過了仿冒糾紛，但是市場上老是謠傳，我們有專利問題，有些客戶怕惹上麻煩，不敢買我們的產品，公司業務經常向我抱怨，我告訴他們：

「若是因為之前的專利權糾紛，雙方已經達成和解，互相授權使用；若是公司之後研發的產品，我們都有申請專利，當然沒有專利問題。」

面對問題，我從來不用躲避的心態，公司也敞開大門接受任何挑戰。在創業前幾年，這家競業廠商經常讓我感到如芒刺在背。但也慶幸有競爭者存在，我們反而越做越好。有時對你不好的人，才是你的貴人。

孟子說：「出則無敵國外患者，國恆亡。」圜達成立這三十年來，是在競爭中越做越壯大，有些產品更做到全世界第一名。真心感謝那些讓我受苦的人，他們步步進逼，讓我不敢鬆懈，因此得以壯大。這也就是我相信的：「花若盛開，蝴蝶自來；你若精彩，天自安排。」

開關—9

人生不是得到，就是學到

「成功者找方法，失敗者找理由。」

人生沒有如果，只有結果。

選定目標，全力以赴就好。

人生兩個最重要的日子，一個是出生日，另一個就是知道人生要往哪個方向走的那一天。但決定創業，只是人生的一個新起點，真正踏進開關這個行業才發現，原來我們只是「初生之犢不畏虎」，也深刻體會到「萬事起頭難」。

因地緣關係，公司成立之初，我們在三重市大有街租下三、四層樓，共約九十多坪（約三百平方公尺）的公寓式廠房。辦公室只有四個人，生產線約有五、六名員工，連射出、加工等機器設備都沒有，擺幾張桌子，向外購買零組件，做簡單的組裝作業，我們就用如此簡陋的方式開始。

一九八五年創業時，台灣電子零組件還在萌芽階段，這個產業裡的老闆大多是黑手出身，年輕時就投入工廠，雖然一身好技藝，但語文和國貿能力並不強，產品若是要外銷，大多透過貿易商當仲介與國外連絡。

我是大學畢業，又在來來飯店做過七年採購，日文、英文都還不錯，加上台灣經濟規模小，市場並不大，創業初期我決定公司一定要面向國際。當時拓展海外業務有三種方法，一是參展，二是登廣告，三是寫開發信。剛開始，為了不錯過任何機會，三種方法同時進行。

參展，是直接面對市場及客戶的戰場。創業第一年的十月，在松山機場旁參加電子展，遇到仿冒爭議，儘管出師不利，幸好全身而退。同年十一月，參加《中經社》舉辦的參展團，和十多家廠商赴美國舊金山（San Francisco）參加 Wescon Show。

當時這是一年一度美國最重要的電子秀展，吸引全美廠商前來洽談業務，是不能錯過的年度盛宴。為了恭逢其盛，此時我才正式辭去來來飯店工作，抱著背水一戰的決心，全人全心挺進開關這一行。

體會城市的真實樣貌

公司剛成立，就由我負責海外業務，獨自拿著手提箱走向海外、洽談生意。以貿易見長的台灣，當時是靠著一群群台商，前仆後繼地提著〇〇七手提箱，跑遍全球做生意。相信若是月球上有生意，也會有提著〇〇七手提箱的台商闖進去，這也就是傳說中的「一卡（個）皮箱走天下」的由來。

其實，出國時不可能有人只帶一個皮箱的，像我是帶著一個大的、一個小的行李箱。隨身小行李箱裡裝的是隨身需要的衣物，如一套換洗衣物、牙膏、牙刷、藥品、旅支、現金等，這是為了防止託運的大行李箱沒有同時送達或者是不見了，不致於慌張，還能靠著小行李箱應付幾天的生活所需，並如期的展開行程。

在沒有網路，資訊不流通，甚至身邊的人都還沒什麼出國經驗的時代，我第一次出國參展時，要準備什麼資料，自己也不太清楚。因此直到出國前還在擔憂到底該怎麼辦？但是我這個人有個好習慣，對不懂的東西，會做足功課，降低自己的擔心，還能達到事半功倍的效果。

在飛機上，我將行前購買的旅遊書籍仔細研讀。我的想法是，若是到達一個陌生的國家及城市，至少要了解當地風土民情、政治局勢、經濟景氣、歷史沿革以及具有代表性的風景、建築、博物館等，還要在當地觀光、在街上走動親自體驗。

後來證實這麼做是對的，因為不但可以豐富個人視野，和客戶談生意時，彼此都還是陌生人，初次接觸若能在言談間聊一些對方熟悉關心的時事，例如行業景氣，當地熱門話題等，他會覺得你好窩心。表示你很在乎、關心他們，這樣可以很自然地快速建立雙方的情誼。因此，每次出差前，我都會盡可能的做足這些功課。

第一次出國的行程重點是展覽，在會場擺攤時，我將開關產品擺出來。然而說實話，我是糊里糊塗進入這個行業，研發都由我表弟洪瑞裕負責，甚至幾天之前還在來來飯店上班，為了參展才離職的，根本不了解這個開關的特性是什麼？甚至連用途也不知道。但我想：「我不懂沒關係，要買的人總會知道它怎麼用吧！」

雖然我連開關及電子業的專有名詞也不曉得，但在展覽會場，只要客戶一上門，透過和對方交談，我很快的就抓到他話語中的重點及關鍵字，再技巧性地問他一些問題。客戶理所當然的認為，我是製造廠家，一定瞭解產品，交談也就在很自然的情況下進行，再透過第二個、第三個客戶，漸漸我就掌握開關的特性及使用方法。

這一套技巧其實我也是在來來飯店磨練出來的，剛開始負責從來都沒碰過的五花八門食品採購時，遇到的工作業務內容幾乎都不會。面對陌生的工作，最好的方法是多聽第一位供應商的說法，邊聽邊記筆記，遇到第二位供應商，加入一點自己的意見，碰到第三個供應商時，可以再釐清一些自己的問題。

如此一來，就能知道這項產品大致上的用途。這正是俗話說的：「貨比三家不吃虧」、「多問三次成行家」。

第一次參展成效不是很好，因美國市場並不是那麼好打入。但對我來說，能到全世界的經濟中心美國，就是很有意義的一趟旅程。不能免俗的，展覽結束後，主辦單位帶我們到舊金山及鄰近的拉斯維加斯觀光。這是我第一次見到世界的精彩，它不只是目炫神怡、五光十色，衝擊最大的是，開拓了我的內在世界，發現一個如同萬花筒般精彩的新世界。

來到舊金山，參訪知名的漁人碼頭，到舊金山大橋朝聖，也到卡斯楚街、同性戀街等地觀光。帶團的導遊告訴我們：「在舊金山如果你在外面落單了，記得口袋裡不能放太多錢，但又不能不帶錢，身上大約要帶四十至五十美金。因為這座城市夜晚常有匪徒，萬一不幸遇到時，一定要有錢讓他們搶，不然會被捅一刀。」

一開始我沒把這段話放在心上，但幾天後導遊自己在街頭遇搶，還被劃了一小傷，因為那天他剛好忘了帶錢。聽到他受傷時我很驚訝：「這裡不是美國嗎？怎麼可能有這種事？」當時美國是黃金國度，吸引來自世界各國最優秀的人才，在這個處處是機會的富裕國度尋夢。但導遊的話與他遇搶受傷的遭遇，把我對美國的幻想拉了回來，從此我改以一種務實的心態，看待這個全球最強盛的國度。

接著，來到拉斯維加斯，從飛機上看到一望無際乾涸的沙漠，一小時後眼前一亮，出現一座如海市蜃樓般光彩奪目的城市。賭城，只能用「奢華」兩個字來形容，每座建築都是富麗堂皇、雄偉壯碩，而且一棟比一棟豪華，走在街上，只能用目不暇給來形容。我睜大眼睛想像著：「在沙漠裡怎麼會有這座用人工打造出來仿佛不存在於人間的皇宮？」

在這個紙醉金迷的世界裡，導遊說：「在拉斯維加斯，你可以拿出身上所有的金錢，穿上最華麗的服裝，戴上最美麗的鑽石和珠寶。因為這座城市白天由警察管轄，夜晚則由黑道大哥主持。沒有人敢在這裡胡作非為，若是發生刑事、民事案件，天涯海角黑道都會追到歹徒，所以這裡是全美國治安最好的地方。」

這些都是我在書本裡從來沒讀過的，卻在出差時體會到的城市真實樣貌。

那一刻讓我覺得「行萬里路，勝讀萬卷書」，但行萬里路前，還是要先做好功課。旅行，可以增長見聞，豐富經驗，拉高你的視野。一趟旅行回來後，能對很多事情有了不同的看法。

歐洲市場的啟蒙老師

至於刊登廣告，則是開發海外業務的方法之一。創業隔年，也就是一九八六年，我在《EPN》(European Product News) 刊登廣告。

《EPN》是歐洲電子新聞報，在台灣設有辦事處，他們主動拜訪，問我要不要登廣告，這分專業性報紙主要的讀者是歐洲廠商。我抱著「先試試看」的心態刊了一則，沒想到效果非常好，陸續接到幾家歐洲廠商來信索取樣品。雖然當時公司只有一個系列的產品，但寄過去後的反應很不錯，也獲得一些訂單。

那一年，有一家在德國的公司，叫做 Deltec，看到廣告後，想要在德國代理圜達的產品。對一家新成立的公司來說，這是求之不得的好消息。我發了一封電報表達歡迎之意。他們回覆，在代理前想來台灣參觀工廠，順便了解公司的營運。

這是公司成立以來，第一次有外國客戶來訪，我們如臨大敵。一方面很高興，產品有銷售到德國的契機，一方面又很擔心，因公司很小，加起來不過十多個人，怕對方不願意和我們合作。

Deltec 的業務代表來台灣時，我們決定演一齣戲。在他到訪的那一天，我先號召親朋好友，大約十幾個人充當臨時演員。那天一早，姊姊、妹妹、朋友、親戚等人來到工廠，穿上事前替他們準備好的工作服，全部扮演生產線作業員，還特別邀請一位懂得外文的大學同學，充當我的秘書以壯聲勢。

德國客人來訪那天，三重工廠的員工都已做好準備，每個人各司其職扮演著事先分派好的角色。我帶著這位客戶在廠內四處走走。雖然租來的廠房還很簡陋，但生產線上已經有了二十多人，看起來好像也有點規模。

走到生產線時，這位德籍業務代表很仔細的觀看作業流程，當他走到妹妹身後，忽然停下腳步，認真地看著她的組裝動作。後來聽妹妹說，她緊張得直發抖，因為她還不太會做，客戶盯著她，也只好硬著頭皮假裝很認真的組裝。其實，這些親友都是當天到工廠後，才請同事簡單的教他們如何組裝，臨時抱佛腳學習，動作也是裝模作樣居多。幸好我們這群烏合之眾，成功過關。Deltec 決定和我們簽總代理。後來才知道這家公司也才剛成立，急於找尋可以代理的產品，來台灣的這位是股東之一。

此時我對貿易的經驗還不多，但雙方在簽合約時，我還是琢磨再三，設想一個完整的總代理合約，應該有那些內容，包括規定一年至少要賣多少數量、金額、合約期限以及退場機制等等。

在合約的簽署條文裡最重要的是「退場機制」，註明假如 Deltec 沒辦法達到我們簽定的業績標準，例如一年至少要賣二十萬顆的數量，總金額為新台幣三百萬元，若未達標，合約自動失效，並不需要再另外以書面預先告知。

事後證明這個條款是對的，因為有了「退場機制」，才讓我們不致於因簽錯合約而失去德國市場。這些事情沒人教過我，而是當一個人被放在那個情境裡，被逼急了，用心去想，自然就會去找方法解決。這件事也讓我覺得，人不要怕承擔責任、擔負壓力，只要願意面對，即使是不擅長的事，也都要細心的去注意、去想怎麼做比較好。

Deltec 代理我們的產品，第一年賣得極差，那一年業績結算下來，他們根本沒有資格再當我們的總代理。雖然條約註明，並不需要再書面通知解決，一九八七年，我到歐洲拜訪客戶，行前寫了封電報告訴他們，「以你們的銷售成績，沒辦法讓你們繼續當總代理。」

但是他們沒有理會，還辯駁說歐洲經濟很不景氣，生意不好做，又嫌我們的產品價格太貴，希望能降價。其實稍早前，在慕尼黑有一家叫做 Tekelec

Airtronic的公司向我們下單，他們的訂單量並不小，等於是間接戳破了Deltec說德國景氣差的推託之辭。

和歐洲的生意越做越順暢，後來市面上出現了傳真機，它還是很稀罕也不普及，捨得買的公司並不多。原本我們和別家公司共用一台傳真機，隨著訂單越來越多，為了方便和國外廠商保持更密切且無時差的溝通管道，勢必要添購一台。於是我咬緊牙根，花了幾萬元購入。

和慕尼黑的新客戶Tekelec Airtronic合作得很順暢，有一天忽然接到該公司經理Mr. Drobny的傳真，他問我：「你和人家簽總代理，怎麼還自己賣東西給我，如此不守信用，叫我以後怎麼和你們合作？」

德國人對品質要求很嚴，做生意也非常講究信用，若我們已和Deltec簽總代理，他想買我們公司的產品，依照合約精神，必須透過Deltec。我告訴他：「我們早已經取消Deltec的總代理資格。」為了取信於他，還趕緊將總代理合約書傳真給他看。

Drobny看了這份合約書後告訴找，以後不用再理會Deltec，他們其實是在無理取鬧，既然未達合約要求，這份合約已自動取消。

當時Mr. Drobny在德國電子業已有二十多年資歷，後來我尊稱他為「Mr. Teacher」。日後在歐洲碰到很多生意上的問題，都會向他請教。他也是我在歐洲市場的啟蒙老師，為人非常熱心，會與我分享自己對市場的觀察及心得，真是我的貴人。創業三十周年在台北市圓山大飯店的慶祝會上，我專程邀請他來台當貴賓。

Deltec 在歐洲的業績表現一直不好，但還一直向我們爭執 Tekelec Airtronic 是他的客戶，他們想賺取中間的代理費。四、五年後，因為經營不善，他們倒閉了，還有一部分的帳款也沒有付。這是圜達在歐洲遇到倒帳的第一家客戶。

因為 Deltec 的教訓，後來我們就不再和任何公司簽總代理合約，若對方想要賣我們的產品，就好好做，我們採取「客戶保障機制」（先註冊者，就先保障），雙方開誠佈公、君子協議。若是有困難，雙方協調，彼此必須是互惠互利的關係。

成功者找方法，失敗者找理由

我很珍惜能有機會參觀別人的工廠，因為這是學技術、練功最快的方法。「他山之石，可以攻錯」，尤其是到同性質的開關工廠參觀。累積多年經驗，我也歸納出一套參訪模式。

首先，我會先了解這次去參訪的工廠，到底有什麼專業技術可以看。其次則是要選派最適合幹部去參訪。最後，出發前要做內部分工，依照各自的專業分派任務，例如會看到沖壓、射出，就找該部門的主管去。

在參觀時，我們會邊看邊默記重點，若過程中有什麼技術，同仁想要多看，此時會請負責外文翻譯的同仁放慢腳步，其他同仁設法藉機發問，負責的同仁再用心觀看。

通常參訪之後，對方會請吃飯，我們的習慣是吃完飯後不去「二次會」（第二攤），即使去了，回飯店再晚仍然要馬上開會。每個人要將今天參觀完的看法及心得提出來分享，有哪些地方和公司的作法不同，那些作法可以拿來運用？由公司哪個單位來負責推動。若是對於今天參訪的某個技術還不是很清楚，隔天如果再與對方開會時，就找機會拋出議題，用迂迴的方式詢問，直到拿到我們想要的資訊為止。

去參觀不是去看別人的好，而是要知道他們到底哪裡好？這些好又怎麼為我們所用。回到台灣後，整理觀察心得並且列管、再追蹤，即知即行，實際運作時若碰到問題再來修正、改進。

同樣是參觀工廠，相對於日本，美、德、法等國家在這方面就顯得開放許多。即使是競業廠商，也都不會拒絕。一九八七年我到美國波士頓一家全世界知名的開關工廠參觀，他們很熱忱的歡迎我去生產現場看，對於不是很了解的地方，還可以多看幾次，甚至可以問任何問題，都會不藏私的回答，但只有一個條件，就是不能拍照。那一趟參訪，讓我們在開關的知識上增長了許多。

一九九二年來到法國巴黎近郊，拜訪歐洲最大的競業廠商，他帶我們到工廠車間參觀，一邊看也可以一邊盡情的發問，當請教他的問題過於專業而無法回答時，還會找來工程部門主管協助解答。

利用這個機會，我將過去幾年在開關製程上無法搞通、腸枯思竭好幾年的地方，全都釐清。他們專業的回答，讓我們茅塞頓開，有些地方則是以自己的想法去做，但不是那麼清楚這樣做對不對，請教後得到答案，等於是再度確認（double check），知道我們的做法無誤，就可以放心大膽的去做了。

我本來是這一行的門外漢，完全不懂開關，對製程也不了解，摸索的過程很辛苦，但因有機會能去參訪其他國家的先進工廠，我總是像海綿般拚命吸收對方給我的知識。另外我也曾到芝加哥、邁阿密，以及法國南部土魯斯等歐美國家參觀同業工廠，收穫頗多。

至於到開關之外的不同行業工廠參觀，也能學習到很多專業。例如十多年前到某食品工廠參觀，他們也用無塵空間，利用空氣中的正壓、負壓，不讓空氣進入，例如將門打開，氣壓原理讓外面的空氣進不去裡面。

當時我心想若未來有機會，也可以將這些運用在工廠的空間規劃裡。二〇一一年蘇州ＬＥＤ燈泡封裝生產線的無塵潔淨廠房，就是利用這套做法。

參觀別人的工廠，若細心看，可以學習很多。因此若有機會參觀工廠，無論是同業或異業，我都會好好把握，透過互相觀摩、對談、收集資料，無形中會得到很好的想法。而在其中只要能看到一個作法，甚至一個小小的啟發，都會在日後帶來很大的收穫。

做任何事情都要勤於思考，勤於請教，勇於嘗試和不怕失敗。「成功者找方法，失敗者找理由」，這也就是我常提醒年輕人的：

人生沒有如果，只有結果。選定目標，全力以赴就好。

人生沒有失敗，不是得到，就是學到。

開關一10

壯遊萬里路，勝讀萬卷書

多看、多聽、多問。
坦然面對內心的悸動，
無憾此生靈魂的挑戰。

創業之初，我就決定公司要走向國際化，因此積極開發海外市場，第二年幸運的已經將產品銷售到歐洲。因為在專業雜誌刊登廣告的成效，歐洲市場已占當年總營業額的七成，可以說圜達當時最主要的國外客戶都在歐洲。

在這種情況下，我一直想找個機會到歐洲，拜訪這些素未謀面的客人，於是展開一個人的「壯遊」，這趟旅行雖然辛苦，卻開啟了我的視野，對我而言也是一趟內在啟蒙之旅，確定了公司未來的方向。

一九八七年三月時，東西德尚未統一，我看到在西德的漢諾威即將舉辦工業展，立刻報名參加。但歐洲很遠，心想好歹去了那麼遠的地方，飛行一趟要花十多個小時，機票又那麼貴，應該要將經濟效益發揮到最大。如果能在這次的旅程中，拜訪在歐洲各國主要的客戶，對圜達日後的發展一定很有助益。

當時圜達的客戶已不只西德一國，其他像是瑞士、奧地利、法國、英國，甚至遠到北歐的丹麥、瑞典等國，也都有了客戶。我的野心很大，第一次到歐洲，便安排三十四天的旅程、走訪了十一個國家，這趟旅途經歷了許多意想不到的困難和趣事。三十二歲的這次壯遊，不但改變了我的世界觀，進而培養了我的事業觀，在未來的人生路途中，這段旅程的經驗，屢屢縈繞心中成為內在的養分。

二〇〇七年的《商業周刊》裡，曾有「壯遊」(Grand Tour)這個主題，鼓勵每個人，尤其是年輕人要有「獨闖天涯」的能力。文章中說：「壯遊可以增加外語能力，提升個人獨立精神、人際關係，以及與人溝通、自我約束和解決問題的能力，甚至從而找到人生的方向，確立自我完成的第一大步。」對我而言，確實是如此。

當時我為何會做出「壯遊」的決定？自己也不清楚，只知道這項決定非常大膽，因為在那個年代出國旅遊很不便利，傳真機還不普及，跨國訊息要靠電傳打字機溝通，也沒有信用卡，只能帶旅行支票和現金。加上歐盟還沒有成立，各國使用的幣別不同，每到一個國家都要換鈔，還要申辦各國簽證，非常不方便，也耗費很多時間。

身邊沒有人去過歐洲，連詢問的對象都找不到，只好四處收集歐洲旅遊資訊、安排行程，發電報給當地客戶，請他們協助代訂旅館、確認見面日期。為方便移動，還買了一張可以不限次數搭乘三十天的 Europass，它可以搭火車、搭船、坐有臥舖的二等艙火車票。

當交通、食宿問題都安排妥當後，行前我才感到有些不安。因為擔心，所以買了很多旅遊書，方便路上做功課；又怕飲食習慣不同，買了電湯匙、漱口鋼杯，帶著十幾包泡麵等零食。

在出發前兩天，表弟忽然問我：「老哥，你一個人安排這麼多地方，又沒法聯絡，假如發生問題該怎麼辦？」

他這句關心的話，讓我的擔憂雪上加霜，但他緊接又說：「沒問題啦！我相信你一定可以克服的。」這麼一問一答，他的擔心解除了，我的不安卻剛開始。

國際性展覽之城

一九八七年三月二十四日，我搭上飛機，輾轉來到德國漢諾威。在初春季節到達歐洲，天氣還有點冷，到了漢諾威展場後，才發現這個展覽的規模比想像的還大很多，但到了展場我才知道，原來我參加的這場展覽，是以汽車、大型機械為主的工業展，我們是電子業，根本不會有我的客戶來看展，顯然我來錯了。

但是既來之則安之，硬著頭皮也擺了五天的攤位。我將這個過程當作是創業初期的試驗。一個人若是怕東怕西、不敢去嘗試，其實更不好，不如去做了，再來修正自己，從這當中找到對的道路。

雖然沒達到參展的目的，到漢諾威這一趟的收穫還是很豐碩，親自走訪一座城市，就能明白旅遊書中看不到的知識。漢諾威原本是一座工業城，沒有天然資源，相較於歐洲各城市，風景也不出色，連觀光都無法發展。當地政府為了刺激經濟，將它轉型為以辦國際性展覽為主的城市。

為了吸引來自全球的客人，將周邊配套設施做得非常好，包括展場、交通、食宿等。最厲害的是，每年舉辦的幾個大型展覽，都能邀請到全世界各產業最重要的廠商來參展，帶動各國買主跟著來到漢諾威看展。而在舉辦展覽期間，當地政府還將城市佈置得熱鬧非凡，旅客走在街頭還能看到各種表演，包括街頭藝人、演奏會、音樂會等，就像是一場盛大的嘉年華會。因此各國商務客只要在參展期間來到漢諾威，不但能洽談生意，還能參與城市盛會，行程相當的吸引人。政府的積極努力，使這座資源貧瘠的城市，已經成為全世界最知名的展覽城市之一。

我們到訪時，飯店都被訂滿了，在旅行社的安排下，住進一對大學畢業才幾年的年輕新婚夫妻所租的房子。為了賺取零用錢，他們當起二房東，將主臥室讓給旅客，太太是家庭主婦，每天煮早餐給我們吃，先生則在大學當助教。

住在民宿最大的優點，就是可以深入了解在地風土民情。那幾天在他們的推薦下，一起去聽了交響樂團演奏。為了不讓德國人覺得台灣人太寒酸，門票就由我和同行參展的廠商友人合出。外國人前往參展，無形中帶動了觀光和發展，還能幫助當地初入社會的年輕人，一舉兩得。

在德國看到漢諾威因為展覽而繁華，對於台灣三十年來在國際電子展覽界由盛而衰，想來更是感慨。一九九〇年代台灣舉辦的電子展，在全世界可說是炙手可熱，歐美客人紛紛來台參展及看展，經常還請我們代訂飯店，台北市的五星級飯店在展覽期間熱門到一房難求，連公司所在地五股工業區的餐廳，也經常是高朋滿座，因為不少公司會在那裡宴客，請吃飯有時還要預約、排隊，但現在每年在香港會議展覽中心舉辦的電子展，吸引了來自全世界的買主，反而成為我們必須要去參展的展覽會。

第一次到香港參加電子展是在一九八六年，當時展覽場坐落在海港城，場地是借用二樓的停車場，展覽時臨時隔出來簡陋的展場，連原來地上畫的停車格標線都還看得到，根本就只是「展售會」，層次很低，去了一次後再也不想去。

沒想到，隨著中國大陸沿海各省經濟崛起，香港急起直追，展覽越辦越好，場地越來越豪華，也越辦越盛大，早已成為全世界最重要的電子展之一。一件事情若將時間軸拉長來看，就能夠知道過去的決策是對或是錯。

從展覽看到一座城市、一個國家的繁華與衰敗，對我在經營企業時有很大的警惕。人要用更高的高度、更廣的視野來看事情，還要保持著靈活的彈性，跟著世界的腳步往前走，才不會在時代的浪頭上被淘汰了。雖然這確實是一件相當不容易的事，但我時刻將此銘記在心。

前進東德

千里迢迢來到德國，自然要去主要城市走走。正式參展前，走訪了布萊梅、漢堡等城市，印象深刻的是在漢堡街上，看到一家店門外掛著「高陽」《紅頂商人》六個中文字的書籍廣告，在他鄉看到中文字格外親切，耳畔傳來中文，聽口音像是大陸人。當時中國大陸經濟還未起飛，但那幾位大陸人卻穿著筆挺的西裝，加上一件稱頭的風衣，我和參展友人從相對比較富裕的台灣來旅遊，卻穿得像是逃難似的，實在很好笑。

後來我和朋友從漢諾威搭乘火車到西柏林參觀，在冷戰時期德國分為東德、西德。西柏林位於東德境內，當火車停在邊界等待查核護照時，從車內向外看去是手持衝鋒槍、牽著軍犬查緝的東德軍人，鐵路兩旁全是高壓電的圍牆，防止任何人越界，從空氣中就嗅得出緊張、對峙的氛圍。

進入東德的規矩很嚴，絕不能照相，但是觀光客手中拿著相機就會想偷拍。過邊境時就發生一件叫人膽戰心驚的事。

一位表情嚴肅的東德軍人，氣急敗壞的指著火車裡我這個方向大叫，接著他提著衝鋒槍就衝進車廂，朝我走來，來到我身旁一位日本遊客身邊，一把抓過他手中的相機，將底片全部抽出來。原本以為是我偷拍被發現了，真的差點嚇破膽。不過當時全車廂的人都在偷拍，卻只有這位日本遊客被抓到，他實在是很倒楣。

火車穿越東德邊境，立刻就能感受到一股肅殺的氣氛。向車窗外望去，邊界是一片高大的森林，裡面停置著一長排看不到盡頭、砲口一致對著西德的坦克車，戰爭喧囂意味極為濃厚。

和朋友先到西柏林參觀，雖然我的個性很循規蹈矩，內心也有顆不安份的靈魂。既然來到了西柏林，心想若有機會能去東柏林看看也很不錯，人有時就會想要挑戰某些事情，例如越危險的地方就越想去。西柏林當地旅行社有帶團到東柏林參訪的行程，便和同行參展的友人相偕加入東柏林半日遊。

如果說西柏林是自由的、色彩繽紛的城市，東柏林就是一個恰好相反的國度。雖然當地導遊一路陪伴解說，他不斷強調東德是「社會主義天堂」，一個人從搖籃到墳墓，都會被政府悉心照料。他用生動的語言說著社會主義福利制度的優點，當下真會讓人以為「天底下有這麼好的地方，我沒有出生在東德實在是很可惜」。

東柏林的馬路非常寬敞，是希特勒在第三帝國時期建造的，從建築可以感受到它曾是氣度恢弘的偉大城市。但是在馬路上看到的東德車子，比起西德立刻小了一號，顏色單調又老舊，耳朵卻聽到導遊介紹這裡樣樣都比西德

一九八七年在東德東柏林「哭泣的母親」雕像前，這位母親的懷裡躺著她因戰爭死去的兒子。她的兒子穿著軍服為國捐軀，媽媽傷心地哭泣著，祈求世間不要再有戰爭。

好，到底我該相信看到的？還是聽到的？

行程間他帶我們來到一座公園，裡面有一座約四、五個人高的巨大雕像，名為「哭泣的母親」，一位母親的懷裡躺著因戰爭死去的兒子，她的兒子穿著軍服為國捐軀，媽媽傷心地哭泣著，她祈求世間不要再有戰爭。當時東德加入「華沙公約組織」，與歐美等西方國家組成的「北大西洋公約組織」分庭抗禮。雙方嘴裡都在談世界和平，實際上卻劍拔弩張，很諷刺卻又很現實。

接著一行人到博物館參觀，走累了就走到咖啡館買杯咖啡，只要兩馬克，約新台幣三十元，團員們都很羨慕能喝到這麼便宜的咖啡。回到西柏林後才了解，我們在東柏林看到的，都是東德政府刻意營造，讓觀光客看到的樣板，包括物價刻意維持在第二次世界大戰時期的水準。

那一趟的東德行讓我感受到，這個世界的某些面向是我很難想像的。我很慶幸自己親眼看見一九八七年的東柏林，因而也體會這世界沒有完美的制度，真正的自由快樂喜悅並非表象的；任何人不管出生在那個國家或家庭，都要用正面的心來看待周遭，將心安住，才能得到快樂。就像東德人在社會主義制度的安排下，若相信這個政府管轄的社會是完美的，對他們來說這就是完美的。

走進德國家庭

漢諾威參展完後，和一起參展的朋友分道揚鑣，正式展開一個人的歐洲十一國旅程。第一站前往德國雙子城——杜塞道夫拜訪 Deltec。

一年前我們簽定德國總代理契約，因他們沒做到合約簽訂的數量，已經取消代理資格，但是雙方關係還沒有惡化，他們仍自認為是圜達在德國的總代理，基於禮貌，我親自拜訪；而為了表示對我的尊重，Deltec 老闆邀請我去他家吃晚餐。歐洲人非常重視家庭生活，和歐洲作生意近三十年，除非雙方關係很好，晚上會請吃飯的客戶並不多，他算是極為少數，也代表對圜達的重視。

到了約定的晚上八點，他來飯店接我。在台灣通常七點用晚餐，我想時間快到了就再忍一下，但到了八點他來接我時，才知道從飯店到他家開車還要一個小時。

到了他家後，一進入客廳，燈光已經調得很有氣氛，耳邊還傳來鋼琴家李查克來德蒙輕輕柔柔的音樂聲。他倒了一杯餐前酒，倆人站在壁爐前又聊了將近一個小時。直到十點終於坐下來吃晚餐，當時實在是餓壞了。我們邊吃邊聊，吃完飯後已將近十二點，他駕車送我回到飯店已近凌晨一點，實在是很折騰人的一個夜晚。

到歐洲前，根本沒料到會去德國客戶的家中用餐，幸好曾在飯店工作，遇到這些需要交際的事情也不陌生，在交際場合即使餓著肚子，還是能和對方聊得開心，讓賓主盡歡，在吃飯時也知道餐桌禮節，不至於失禮，且能以一種從容優雅的態度去應對，這要感謝飯店七年的餐飲訓練。這件事也讓我明白，這世間沒有用不到的經驗，現在的我就是所有的過去所累積，過去的一切遭遇，都是為了塑造現在的我。

接下來，到慕尼黑拜訪 Tekelec Airtronic，和我在歐洲的老師 Mr. Drobny

見面，當時他四十多歲，兩人雖然差了十多歲，卻一見如故。他蓄著很有造型的山羊鬍子，穿著剪裁合身的西服，神采奕奕，全身散發著歐洲貴族的紳士風格。

和他談話時了解德國的福利制度非常好，一九八七年的德國，一個禮拜只要上班五天、三十八小時，每年還有帶薪假期六周，若不幸失業還可領高額失業津貼。但任何事情都是一體兩面，這麼好的制度卻也會養出一群好吃懶做的年輕人，這是讓 Mr. Drobny 憤恨不平的地方。

夜的奇幻旅程

離開慕尼黑後，搭機前往維也納，飛行時間只要五十分鐘，原本只是短途旅程，卻發生一段小插曲。我搭乘的是小型飛機，從候機室到飛機並沒有空橋，要走過停機坪的一小段路。初次遇到這種事也不以為意，登機時跟著同機的旅客走上了飛機，坐在位置上，照例打開行李箱，攤開筆記本開始繕寫時，卻聽到飛機上的廣播。

我聽不懂德語，但卻隱約聽到「Mr. Lin」，似乎是在找我。果然沒多久空姐來叫我，只好立刻提起行李，心中七上八下地下機。原來登機前會經過乘客的行李區，每位旅客都要指著自己的行李，給工作人員確認後，才會將行李搬上飛機。因為我不知道規則，所以行李還被留在停機坪上。原本以為發生什麼驚天動地的大事，心中很緊張，事情解決後，大鬆一口氣。

回到座位後，鄰座的一位維也納男士問我：「這是你第一次搭這趟飛機？」倆人就這樣聊了起來。下飛機後，他太太來接機，他親切地問我要不要同行，並去小酒館坐一下，聊天中了解維也納人很重視下午茶及休閒，正好我們抵達時是下午三點左右。陰錯陽差交了一個在地朋友，我大方說要請他喝啤酒，他也真的讓我付錢，感覺到奧地利人的豪爽。

維也納是個美麗的宮殿城市，周五上午在維也納拜訪完客人，下午就參加當地的旅遊團，輕鬆的參觀城市。歐洲人很重視休閒，在周五的下午通常不會安排行程，因此也最好不要在此時去拜訪他們，否則會被認為是極不禮貌的事。

周六也留在維也納，依舊參加各式旅遊行程，那天結束下午的活動後，導遊問我們要不要去看秀？團裡包括我共八個人有興趣。那場秀很精彩，有魔術、歌舞表演，還有真人 live 秀，我看得目瞪口呆。表演很精彩，不知不覺時間過去了，同行者一個一個都先走了，直到十一點多，場內可能只剩我一個人，舞台上的表演者還是非常敬業的演出。

看看手錶，時間已晚，便到大廳詢問如何回飯店的事，大廳經理說，我住的飯店離這裡要一個小時車程，他幫我叫了輛計程車。夜晚搭計程車，內心有些不安，幸好平安回到飯店。那個夜晚，對我來說相當魔幻，好像自己誤入歐洲的某個時空，進行了一趟夜的奇幻旅程。

《真善美》的場景

離開維也納，搭乘火車前往瑞士，這趟旅途較遠，決定乘坐夜舖。途中會經過歐洲一個很小的國家，叫做「列支登斯頓」。

上車後，列車長告訴我，經過這個國家時已經是半夜，但需要在護照上蓋章，為避免吵醒我，可否將護照先放在他那裡，他會幫我蓋好章，隔天再還我。沒有思考太多就答應了他，這其實是個冒險，若護照不見了，該怎麼辦？但是在當時的情境下，只能選擇相信。

抵達瑞士最大城市蘇黎士，待了二天後，到首都伯恩拜訪客戶。行前發電報給他，他說要來接我，我怕他認不出我，特別說明：「一七五公分，戴金邊眼鏡」，他說：「你放心，我不會錯過你的。」後來我才明白，在瑞士東方人不多，我很好辨識。

抵達車站時，就看到一位近五十歲的瑞士人高興的向我揮手，他開著車載我到市區逛逛。聊起搭火車的事，他說在歐洲坐夜鋪很不安全，尤其跨越國境，不知道同包廂的共乘者是誰，偶爾還會出現搶劫殺人事件。此時，我發現自己做出很冒險的決定。

接著他載我去他家坐坐。一路往山的方向行駛，四周景緻非常優美，四十分鐘後抵達他家，就像是電影《真善美》場景裡，家被一片綠地圍繞著，不遠處是白雪皚皚的阿爾卑斯山。路上他說家裡沒有自來水，我還在納悶，原來是接阿爾卑斯山的純淨雪水喝。

這裡的每一間房屋，都享有「陽光權」。坐在客廳裡，抬頭一望是一片玻璃，接近傍晚時分到他家，已經可以看到天花板上方滿天星斗。他解釋，瑞士政府為了人民的生活品質，提供低利貸款，期限長達五十年，住房的支出占每月比重並不大。看到他們的生活環境，真叫人羨慕。

晚上他請我到附近餐廳吃飯，他推薦瑞士道地名菜——起司火鍋（cheese fandue），味道很特別，但不怎麼可口。再加上我很討厭起司，吃得有點痛苦，後來他問：「好不好吃？」

我客氣地的說：「好吃！」但他再問我；「要不要再來一鍋？」我就誠實的告訴他：「不要了」。

在國外，我代表的不只是個人，也代表台灣和圜達，應該要讓外國人對我們留下良好的印象，因此儘管討厭起司，還是禮貌的吃完，但那滋味卻不會讓我想要來一鍋。

路在嘴裡

三十四天要走訪十一個國家，在這麼密集的行程裡，還要拜訪這麼多客戶，心裡的壓力實在不小，尤其旅行中的突發狀況很多，時時刻刻都要繃緊神經。為了準備得更充分，路途中只要一有空，我就認真研讀資料，遇到人也會不厭其煩的問路，如在飛機上，請教空姐或隔座的人，待會兒要去的地方離機場有多遠？一下飛機立刻到旅客服務處（I=information center）詢問詳細資料，包括計程車資、時間等。

但無論多小心，還是會遇到被當成觀光客痛宰的時候。從伯恩搭火車到義大利米蘭車站，下車後搭計程車到預訂的飯店，在旅客服務處詢問後了解，從車站到飯店的車程約十五分鐘，車資為新台幣一百二十元左右。

但上了計程車後，司機開了五十分鐘才抵達目的地，車資貴了四、五倍。他明顯是在繞路，下車後和他爭執，司機卻對我說聽不懂的義大利語，就有敲詐的跡象。請來飯店服務生來評評理，結果還是我輸，他竟然袒護司機，要我按司機的無理開價來結清車資。在那一刻，我就驚覺義大利飯店的工作人員太短視，服務業若用這種不問是非、殺雞取卵的方式來做生意，豈不白白糟蹋了他們珍貴的文化資源？

離開井然有序的瑞士，一進入義大利國界，氣氛立刻轉變，雖然義大利北方部分人種也是日耳曼民族，那是一種在旅途中才能感受到的獨特氛圍，很奇妙卻又很真實，一線之差，治亂分明。

旅行中常會遇到很多驚喜之事，我的個性很謹慎，即使上火車前，已先詢問確認過是否搭對了車，遇到列車長查票時，還是會重覆再確認同樣的問題。「路在嘴裡」，這句俗話在旅遊中是絕對的真理。即使看了資料，也問過了，但有機會重複確認時，就一定不要嫌麻煩，再問一次也許就能免掉接下來更大的麻煩

在比利時的火車上，我又問查票列車長，是否搭對了車？他告訴我：「沒錯，就是這班次，但你卻坐錯車廂了。這班車抵達中途某一站時，你坐的這節車廂就會停在該站不動，這時火車會分離，只有前面幾節車廂才會繼續往前走。」

還好我多問一次，我才知道自己坐對了列車，卻沒坐對車廂，差點被放

鴿子。我把握火車停靠月台約兩分鐘的時間，提著大、小行李，狼狽不堪的在月台上快速移動，總算沒耽誤行程。

這次「追火車」因為是在同一月台上換車廂，所以只是有驚無險；但另一次在法國尼斯火車站月台的「追火車」，就真的是既驚又險了。原本火車應該在晚上七點停靠第一月台上，但是到了七點五十分，火車依然杳無蹤影。這時忽然驚覺所有旅客都拿起行李，奔向月台底端的天橋樓梯。由於廣播的內容全是法語，我聽不懂，但身邊的人全都忙著連走帶跑。

我找不到懂英語的人可問，於是當機立斷，提起我的大包加小包，立刻跟著大家奔跑、上樓梯、到了天橋再跑，然後下樓梯、再跑，最後跟著大家進了第四月台上的剛停靠好的火車。

驚魂甫定後，我問一位年輕人聽得懂英語嗎？她說懂，我再問了才知道，原來車站臨時廣播，火車要更換停靠月台，還好我跟著大家一起跑，否則就麻煩大了。

由於火車延誤，深夜十一點才抵達目的地，車站外一片漆黑，已經叫不到計程車了。無可奈何地在車站外等了五十分鐘，終於遇到兩位當地人，我出示地址用英語問路後，他們要我跟著走，我也沒別的辦法，只好硬著頭皮拖起行李，緊跟著他們。

結果越走離車站越遠，路上就越暗，到後來快要伸手不見五指，我很猶豫是否該回頭。於是我決定落後他們幾十公尺，以防萬一他們回頭，我還有點距離可以跑。一個人在海外，又在深夜的荒郊野外，雖然我身高一七五公分，在東方人裡不算矮了；可是現在身邊這兩個歐洲人都一百九十公分以上，萬一他們兩個是壞人，我就「怎麼死的也不知道」了。

幸好那時年輕，膽子也大，「人不輕狂枉少年」，若是現在，我就不敢再做這麼冒險的事了。「江湖老，人心小」，冒險還是一定要趁年輕時。在他們的協助下，我終於找到了預定的飯店。由於這趟歐洲壯遊一路上所住的旅館，都是客戶代定，抵達時已經超過十二點了，飯店老闆早就入睡，拚命的敲門才得以進房。

一進去，發現這間一晚六百元台幣的房間沒冰箱、沒電視，只有電話和浴室，又因為時間太晚，餐廳都關門了，整晚沒進食，早已飢腸轆轆，幸好出發前在行李箱內，就預備了電湯匙與不銹鋼杯，用這兩樣「武器」煮了從台灣帶來的泡麵，總算得以充饑，那包泡麵真是人間美味。

儘管在旅途中會有很多不確定，很多冒險，但只要做好功課，勤於問人，就能化解危機。這趟歐洲壯遊之旅，讓我經營事業的態度更堅定。遇到不懂的事就勤於問人，一回、二回、三回，慢慢總能掌握個概況。

伊是荷蘭的船醫

歐洲行程的後半段，我走訪了荷蘭及比利時。在荷蘭時，客戶幫我訂了當時一晚要價八千八百元台幣的房間，是整趟行程最高級的飯店。

荷蘭曾經統治台灣三十八年，來到這裡有一種莫名的親切感。和客戶聊起這段歷史，他卻不相信，因為他們的歷史課本裡根本沒這樣的記載。為了取信於他，我說我可以唱台灣民謠《安平追想曲》，最後一句就是「伊是荷蘭的船醫」。

另外我也介紹至今台南仍存在的荷蘭古蹟安平古堡（赤嵌城），他聽到也很驚訝，原來荷蘭與台灣在四百年前有這段淵源。當我和他聊起荷蘭國土面積約有三分之一在海平面以下，有低地國之稱，他很訝異我對荷蘭的了解，交談立刻就熱絡起來了。

能做好這次的國民外交，全因在出發之前與旅程中，我已認真研讀各國資料及風土民情，無形中拉近了和初次見面客戶間的距離。

腳踏兩國間

來到鄰國比利時，我們客戶的公司非常靠近德國邊境。他帶我到一條小溪，我們一腳踏在溪的左邊，一腳踏在右邊，他說：「你現在一半在比利時、一半在德國。」

對於來自海島的台灣人來說，原來國境的概念是如此模糊，實在是非常不可思議。當地居民在當時不需要進出海關，更不用檢查護照，就可以自由的來往兩國。但兩邊物價不同，他們會到便宜的地方購物，在生活上很便利。

繫安全帶的習慣

緊接著我又飛到北歐的丹麥拜訪客戶，他專程來哥本哈根機場接我，一上他的賓士１９０Ｅ，他就繫好安全帶。二十八年前，包括歐洲都沒有開車必須繫安全帶的法令，他的舉動引起我的好奇。

原來他曾經歷一起車禍，被後方車子追撞時，幸好有繫安全帶，因此救了他一命。我聽進了他的話，回台灣後馬上也養成繫安全帶的習慣，剛開始還被周遭的朋友笑道：「你那麼怕死？」現在政府對乘車安全相當注意，連

1987年3月我前往德國漢諾威參展，到了才發現規模比想像的還大，但卻是以汽車、大型機械為主的工業展，我是電子業，根本不會有我的客戶來看展。但既來之則安之，接著就展開了我的歐洲壯遊。

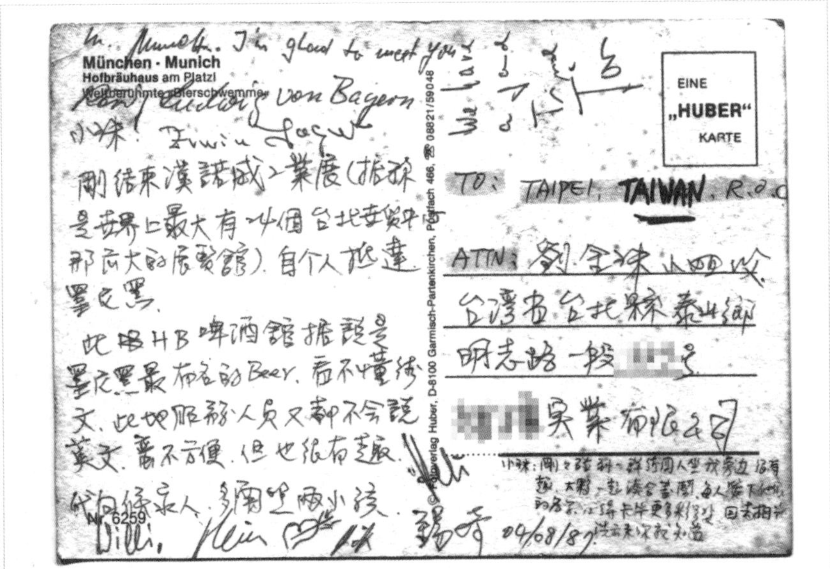

在慕尼黑最奇妙的一晚，我在啤酒館裡寫一封明信片寄回台灣給太太，旁邊坐的德國人都很熱情，也要在我明信片上簽名，成了最甜蜜的見證者。

後座乘客都要繫上安全帶，但多年前我繫安全帶這樣的舉動，在台灣確實很另類。

瑞典人看婚姻

瑞典也有圜達的客戶，我到首都斯德哥爾摩拜訪，接機時客戶貼心的舉著「Diptronics」的牌子，在遙遠他鄉看到圜達的英文名字，他的貼心讓我很感動。聊天時他說起太太，卻是用「My Girl」，我有些困惑，後來技巧地推敲出他們並沒有結婚，也不打算結婚，他口中「我的女孩」已替他生了兩個小孩。

瑞典人對婚姻制度的看法相當獨特。言談間我才明瞭，瑞典的薪資很高，但政府抽的稅收也很高。政府會將這些稅收用在人民身上，當地人大多住在舒適的環境裡，家中還有三溫暖等設備。但也因稅收重，年輕人不想創業，高階經理人的個人所得稅高達六成，因此賺錢的意願較低，他們更希望將時間用來過更好的生活。

坦然面對內心的悸動

行程最後我來到英國倫敦，在這裡見到三家客戶，其中兩家的老闆是很會做生意的猶太人。和他們接觸才明白，猶太人的宗教力量實在有很大的凝聚力。

他們從小讀猶太經典，飲食必須遵守教規。食物都必須確定是潔淨的原料，連吃的牲畜也要經過念誦經文才可以處理。所以他們在市場上買回來食用的牛羊肉，都是經過 KOSHER（清潔可食）認證的食品。

英國風土民情中與各國最大的不同，就是汽車的方向盤都是「右駕」，我好奇的問起源由，客戶回答：「開車源於古代的驛馬車，當時馬伕是用左手抓繩，右手拿鞭，為了不讓坐在身旁的人被馬鞭甩到，一直以來都是右駕，所以方向盤應該在右邊才對。」

他還說了一句深富哲理的話：“We drive at right side.”（我們駕駛在正確的方向。言下之意，方向盤在左邊都是錯的）

他還用一個笑話，解釋天堂與地獄的區別。他說天堂就是「和英國人打高爾夫球、和法國人吃法國菜、與德國人共事、接受義大利人的接待」。因為英國人健談、善於社交，法國以美食聞名世界，德國人做事嚴謹、信守承諾，義大利人熱情好客，總能賓主盡歡。

至於地獄就是「吃英國菜、和法國人打高爾夫球、被德國人接待、和義大利人共事」。英國菜變化少又難吃，法國人不善社交，德國人太過嚴謹，缺乏風趣，義大利人說一套做一套，合作容易出差錯。

這個笑話描述了歐洲各國的民族性，由於我才走訪這些國家，對他的話心有戚戚，所以很容易就記住了。

這趟「壯遊」很辛苦，但我卻覺得很珍貴。在旅途中感受到內在的自己，想要去冒險、想要更了解這個世界，想要做一番不同的事業。它確實開啟我的眼界，回到台灣後加速努力的腳步，向前邁進。

只是每個人的體能都有極限，一趟旅行安排三星期就已經太多了，三十四天確實過量。

旅行途中，剛好兒子三歲生日，他在四月十五日出生，那天打電話回家向他說聲：「生日快樂」，電話裡他還童言童語的問我：「爸爸，今天我生日，你怎麼沒回來和我一起切蛋糕。」我說：「爸爸在出差。」他說：「你可以今天回家，明天再去啊！」

聽到兒子的話，感到一陣心酸，但也只能上緊發條，勉強自己走完所有行程。

去了一趟歐洲，才發現那裡離台灣竟是這麼遠，又有這麼大的生活差異，我們的產品卻還能在那裡通行，這是何等可貴的事！

回台之後我常鼓勵同事，若有機會出差，就要積極爭取，出去時要盡量多看、多聽、多問。而且最好是一個人出國，如果這個也怕、那個也怕，就永遠走不出去，也會被自己的想像侷限住。一個人在外面碰到突發狀況時，反而會刺激你去做更多思考，本來你以為自己不具備的能力，此時都會一一出現。

坦然面對內心的悸動，無憾此生靈魂的挑戰。三十年來，我利用出差的機會，先後到過四十多個國家，無形中增加了很多見識，在旅程中也更了解世界及自己。

透過長期且深入異地的親身閱歷，認識異國文化，打開了視野和胸襟，也放大自己的人生格局。因此我常鼓勵年輕人「壯遊萬里路，勝讀萬卷書」。

開關一11

唱出最想唱的那首歌

因為沒有錢而不快樂的人，
即使真的有錢了也不會快樂。
快不快樂是在於你的心態。

這句西方諺語給了我很大的啟發：「一個人只要知道該往哪邊走，全世界的人會為你讓路。」路走對了，再遠也會到。問題到底那一條路才是對的路呢？其實因人而異，俗話說：「行行出狀元」，但能讓你出狀元的那一行，也不見得就適合我；同樣的適合我的這一行，也未見得就適合你。

常聽到很多人抱怨薪資太低，然而與其去抱怨，不如換個心態來思考：「我在職場裡有更好的技能和優勢嗎？」找到自己的差異化，比計較現在能拿到多少薪水更重要。

我剛進社會時，為了獲得工作經驗，求職時自願降薪，因為自認是用學習的心態看待工作，學習還有薪水可以領，其實是我賺到了。

我也建議年輕人在三十歲之前，不要輕易換工作，或者開口向老闆要求加薪。換一個公司適應期要三個月，換一個行業適應期可能要長達一年。不要只用物質及金錢去衡量事情，因為年輕時吸收力強，能學到的經驗都是終身受用的，這些都將在往後的人生裡，成為你「取之不盡，用之不竭」的技能。

「信念創造實相，個性決定命運」，一個人的個性與他的命運有絕對的關係。你怎麼想，就會有怎麼樣的未來。樂觀的人，會從危機中看到機會。因此，對工作與其想著「三不」：不遲到、不早退、不工作，或是在「三等」：等下班、等加薪、等退休，不如多花些精神找到自己的興趣。

要精通一樣技能，起碼要花一萬個小時，這當中若沒有樂趣，就很難持續。我相信每個人都能在天分裡找到機會，但是要多去想「我能做什麼？」而不要一直抱怨。一個專業、敬業、樂業的人，在哪個行業裡也都能成功。

就像看戲的時候，台下的人只看到台上表演者的光鮮亮麗，卻很少注意他在台下洗盡鉛華、努力的那一面。當我們看到一個人展現在眾人面前的天分很光采，背後往往是他投資無數努力的結果。

我很欣賞一位歌手——蔡依林，她為了在舞台上有更好的表現，不計辛苦的練習，她曾經說：「我必須讓自己得到一百三十分，才能讓別人扣分。」
她的個性不服輸，為了上台，可以從早到晚練舞而不喊一聲累；為了上鏡頭可以再瘦一點，在生日時也堅持忌口，只吃水煮青菜。面對人生低潮，她有決心和毅力去挑戰，她說：「只要肯努力，有決心，沒有不成功的。」
我也常用她的故事來砥礪年輕人。

六個好習慣

大學是追求新知識、真理的通才基礎教育所在，也是學習待人處事的職前訓練搖籃。在很多次對大學生的演講中，我常用自己當年決定創業的經驗跟大家分享。第一次拿到開關時，我面臨離開來來飯店的抉擇，當時並沒有想太多，只覺得：「先試試看吧！」

我學的是經濟，在飯店工作，完全不懂機械、工程，但之前為了創業，我已足足準備十年。所以我深信，不懂沒關係，只要肯學，在做中學，你的同事、你的客戶、甚至你的對手，都會用不同的方式來把你「教」懂。

現在的年輕人因為網路資訊的普及，要學要問都比我們當年便利；但最大的問題是心態消極，認為每件事情最好人家都先安排好，他再去做。天底下有這種好事嗎？就算有，又為什麼會讓你遇到？

因此遇到問題，不要逃避，要勇敢面對。人世間的事，在一百件裡，會有一、兩件可能永遠解決不了，但也有九十八到九十九件是能解決的，只要願意好好的坦然去面對，透過不斷努力去克服，就會更上一層樓，看到不同的人生風光和景色。

我也常建議年輕人，最好都能選擇與自己性向接近的工作，結合興趣與工作，享受努力的過程，慢慢就能做出自己的價值及成就，同時在投入的過程中，它會帶來成就感和實際回饋。

長久以來，我培養以下六個好的習慣，每次到學校演講時，我也鼓勵同學們，現在建立了這些好習慣，將來一定會有更好的人生。「要怎麼收穫，先怎麼栽。」這六個習慣就是：

一、養成獨立思考的習慣

碰到重要的事，不要太快或輕率的下決定，若是時間容許，將思緒和情緒沉澱下來再做決定。在想的時候，可以拿出一張紙，將正面、負面都列出來，可以釐清自己的觀點，做出最正確的選擇。

人生的主導權在你身上，但一定要「謀定而後動」。當你做好決定之後，就接受你的決定，確定了就去做。會發生在你身上的事都是有意義的，要坦然接受並面對。

二、養成閱讀的習慣

學校教導學生的都只是基礎教育，離開學校以後，更要持續進修及閱讀。我在大學時為了培養創業性格及了解經濟，已經開始讀《經濟日報》。現在每天固定讀五分報紙，每周閱讀《商業周刊》、《遠見》、《天下》、《亞洲周刊》等雜誌，以及各方面的書籍。持續不斷的閱讀，不但讓我的頭腦清晰，還能及早掌握很多新的訊息，尤其是和開關相關的產業。

以開關來說，最早期是用在電腦，後來則用在筆電、手機等，透過閱讀我能夠更早一步掌握趨勢，並要求同仁即早做出應對。無論是雲端、物聯網、穿戴裝置等，只要與三 C 產業有關，就與開關有關。

例如最近在報導中看到韓國仁川附近有一個智慧城，生活在其中的居民，用手機等電子產品遙控生活中的大小事。我就立刻問同仁們：「圜達在這其中能否扮演什麼角色？」我與一、二級主管與海外各廠總經理，用 WeChat 與 Line 等群組作即時通訊工具，隨時交換最新資訊。一、二級主管，再與各同仁間聯網，不斷聯結與腦力激盪。

每月公司開月會時，我總會向同事們報告公司現況，以及我的閱讀心得與觀察報告，也請他們研究我提出的建議或看法。做生意就是這樣，只要產品能走在同業的前面一點，就能獲得成功。因為做生意跟下棋一樣，就是在搶「能不能比對手早一步」，因此先行者就是要提早掌握訊息，透過閱讀能夠達到這個效果，這是最棒的自我投資。

三、養成勤於記錄的習慣

「聽到的、看到的，不見得是你的；記下來的，才是你的。」在來來飯店工作時，我養成了隨身攜帶三樣東西：筆記本、小錄音機、小照相機的習慣，隨時利用手邊的這三樣東西做記錄。

「好記性不如爛筆頭」。勤於記錄的功效很大，若遇到一些事情無法做決定時，可以去翻閱筆記前後參照，對於事後檢討也很有幫助。現在的智慧型手機與平板電腦，還能錄音、照相與錄影，更是應該善加活用。

四、養成運動的習慣

「家財萬貫三餐飯，屋宇千間一張床」。人若是賺得全天下的財富，卻沒有健康，得到的一切仍然沒用。

俗話說：「世間錢世間用，離開世間沒路用」。這就是在提醒我們，健康最重要，不要辛苦了半天，人在天堂，錢在銀行，一切都枉然。

何況一個人要有好的身體，才能有好的生活品質。公司經營需要管理，但健康比經營公司還要重要，它代表的是一種自我管理，十多年來我已養成每天運動流汗的習慣。

五、養成活用零碎時間的習慣

在來來飯店上班時，我為了要背英、日文單字，就在每天通勤的摩托車後照鏡上貼各種單字，遇到紅燈停下來時就可默背，這些單字背完就換，也不覺得等紅燈很煩燥不耐，幾年下來英、日文進步很多。

將時間拉長來看，這些零碎的時間就能積沙成塔。「你的致力之所在，就是你成功之所在」，「種瓜得瓜，種豆得豆」，不要只看別人的成就，也要想他背後的自我要求。總之，忙要忙得有代價，閒要閒得有意義。

六、養成正面思考的習慣

上帝為你關上一道門，必定會為你打開另一扇窗。當有不順遂的事發生在你身上，讓你覺得迷惘、不開心，背後一定有原因。應該這麼想：「任何發生在我身上的事，對我一定都是好的，不然就不會發生在我身上。」每次都這想，自然就會養成隨時找出事情背後正面意義的習慣。

人生的任何困難，一定都是呼應你的需要而產生，它是要來成就你、幫助你，因此面對困難要設法去跨越。同時，天無絕人之路，任何事情用心，就會找到出路。正面思考也與健康有關，快樂的人才會健康，不快樂的人，就算有健康也不會長久。

人的肉體會老去，但我們的心靈是沒有年齡的。人生活著在於你怎麼想，我們可以同時有小孩的天真、有青少年活潑的思考、有青年對未來的憧憬、有中年對事業的小確幸、有壯年才能有的閱歷，還提前有了老年的豁達。面對未來，可以更有智慧，卻也更淡定。

俗話說：「江山易改，本性難移。」因此由小做法的改變去建立習慣，習慣成自然，自然就成理所當然，在潛移默化中，個性也就慢慢改變了。相反的，「觀念不改變，做法不改變，命運也不會改變」。

一直以來我奉行這六個習慣，也在我人生旅途上帶來無數助益。

我很慶幸自己在十九歲時就立定了志向，決定未來要創業。因為年輕時做出的決定，讓我開始找方法，實現自己的目標。每個人都要相信自己是最棒的，行行出狀元，只要找到自己的天才所在，就能活出自己的精彩。

劉姥姥進大觀園

我是怎樣找出自己要唱的那首歌呢？一九八五年我剛創業時，圜達的產品在市場上完全沒有知名度，加上同業削價競爭，初期在經營上很難打開市場。然而，商業運作有三個要素，就是「Q.C.D.」。我沒將心思放在抱怨上，而是將自己的產品用「Q.C.D.」來評估。

Q.是品質（Quality），在初期我們的技術能力與周延性都不夠，在品質方面沒有任何優勢；C.是售價（Cost），在公司沒知名度時，價格再低，也沒人會買，甚至還會因價格太低而沒人敢用；D.是交貨速度（Delivery），也就是服務及製造速度。

要跟日本業者競爭，我發現他們這些大公司往往都有「大恐龍病」。因為體制過大，一直要求計劃性生產，往往無法配合客戶急單的需要，對於客戶更改規格也較難配合。

簡單說就是Q.C.D.三者，日本公司的Q.C.可以，但D.及服務稍差，這就是圜達利基之所在。評估這「Q.C.D.」三者後，我決定專攻服務及交貨速度。也就是客戶的要求，可以用非常快的速度、很有彈性的供貨，又將公司的產品定位在「進口替代」，才漸漸帶來轉機。

當時 APPLE II 個人電腦才剛風行，宏碁也剛推出個人桌上電腦「小教授」，但電腦內所有的零組件都是從海外購入，包括開關也從美國及日本進口，並透過經銷商代理來台。因為無法確認客戶下的訂單數量，經銷商在備貨時會特別謹慎；而我們的工廠設在台灣，可以隨時因應廠商需求下單，並生產出他需要的產品規格，必要時還可以做規格上的小修改。

在修改規格這方面，我們比日本人彈性，因為日本人的性格嚴謹，反應在製程上也就是如此。若要他們修改規格，勢必要重新調整生產流程。他們缺乏彈性，間接替我們帶進更多商機。

當從美、日進口的開關因備貨不全，在急需零件時，廠商就會找我們，並就近供貨。因此我們雖然是製造商，但必須用服務業精神來綁住客戶，因此我對同事們的要求就是：「用最快的速度，做最有效的服務」。

慢慢的，每個員工都是公司的業務，透過「服務」的方式在國內慢慢打開了市場。至於國外，每逢展覽，公司總是不計代價的到現場參展，品牌也就越做越大了。

在這樣的努力下，圜達的產品在公司成立隔年就賣到歐洲，尤其是以製造業、精密製造、醫藥等聞名的德國，就占了訂單的將近一半；也就是說，搞定德國人就搞定一半的歐洲客戶。德國人也是相當的嚴謹，在歐洲，只要產品能賣到德國，就代表你的東西有很好的品質。

為了貼近客戶，一九八七年我單槍匹馬獨闖歐洲，印象最深的就是到了法國巴黎，在這座被稱為全世界最浪漫的城市，心頭忽然湧進一股莫名的感動。當時的我心裡許了一個願望：有朝一日圜達的產品要通行全世界，這個心願要從艾菲爾鐵塔說起。

觀光客來到法國，一定要到巴黎參觀；艾菲爾鐵塔則是巴黎的地標，第一次站在舉世聞名的艾菲爾鐵塔前，立刻感覺到自己的渺小。這座鐵塔是巴黎為了一八八九年世界博覽會而建造，鐵塔的設計師居斯塔夫・艾菲爾蓋了這座鏤空結構的鐵塔後，受到很多批評。很多人說，在有氣質的巴黎蓋這座鋼造的塔很醜，不少人主張要拆掉它，經過幾番風雨，最後還是保留下來。

如今艾菲爾鐵塔已被公認是全世界最美麗的地標，百年來它經歷許多時代考驗。當我登上鐵塔俯瞰巴黎時，心中浮現一個強烈的念頭：「全世界只要有3C產品的地方，就要有圜達的產品。」後來這個夢想成真了，圜達的產品隨著筆電、通訊等民生消費品，踏上了許多連我都還沒機會到訪的國家。

那次法國行還有一個很大的收穫，就是得以到南部的土魯斯拜訪客戶MORS。土魯斯是民航機空中巴士（Airbus）的組裝城市，MORS則是法國上市公司，是歐洲執牛耳的著名開關廠，也向我們購買開關。合作之初他們極為

「好記性不如爛筆頭」，勤於記錄的功效很大，若遇到一些事情無法做決定時，可以去翻閱筆記前後參照，對於事後檢討也很有幫助。從1985年創業至今，我已累積好幾箱的活頁本筆記。

1987年我到了法國巴黎，在艾菲爾鐵塔前，心中浮現一個強烈的念頭：「全世界只要有3C產品的地方，就要有圜達的商品。」後來圜達的產品隨著筆電、通訊等民生消費品，踏上了許多連我都還沒機會到訪的國家。

小心謹慎，每款開關都各買一千個，回到實驗室一一檢驗，確認產品品質無誤，才展開長期合作。能夠和這家知名企業做生意我很開心，也證明圜達的產品有一定的實力。

到他們位於土魯斯的工廠拜訪，法國人很熱情，帶著我四處參觀，並開誠佈公的讓我看製造產品的所有流程。我看到了沖壓、射出等精密自動化設施。當時圜達才成立兩年，仍是簡陋的組裝工廠，所有零組件都向外採購，工廠裡只有簡單的製具，沒有任何高科技設備，因此我就像是劉姥姥進大觀園，第一次看到這麼先進的製程和設施，受到很大的震撼和啟發。

這趟法國行可以說打開了我在開關世界的眼界，也是一種啟蒙。那一刻在心裡已經起誓：「有一天，圜達也要做到這種程度，我們要向全世界第一流的企業看齊。」

現在，圜達已經達到了這個目標，其中幾乎所有自動化組立機、測試專用機，都是同仁們自行研發設計、加工、組裝出來的。

用同理心看待客訴

找到了自己要唱的歌，或許無法一次就唱好。年輕人在職場中的大忌除了抱怨，另一個就是怕受批評。其實這就像是製造業，只要有產品出廠，就不可避免的會遇到「客訴」。當客人對公司的產品品質提出疑問時，很多業務甚至老闆，自己都會心虛，想要逃避。

但我的第一個反應卻相反，我會告訴客戶：「有問題請一定要通知我，我會積極主動的解決。最好是你同意讓我來拜訪，和你一起解決問題。」凡是圜達賣出去的產品，只要覺得有問題，我都會採取主動、積極且負責的態度來處理。

試想那些賣到歐洲的產品，即使是用空運，單程也要花十二個小時以上的飛行時間。客戶向這麼遙遠的東方買東西，初期我們還要求對方先付錢、再交貨，用同理心來因應就是讓客戶知道，「我們願意對產品負百分之百的責任」。

在交易的過程中，一定要讓客戶不擔心受怕。因此只要是向圜達購買的產品，絕不會是無主的孤兒，有問題，我們會永遠和你站在同一陣線，一起解決。

我覺得剛和一家客戶合作，尤其是跨越國界，只憑著廣告和樣品就下訂單，真的很像是「盲目約會」（blind date）。你沒看過我，不知道我們公司的模樣，我也沒看過你。透過雙方往返的信件，可以讓他們清楚的知道公司的規模及服務。

公司生產的產品就像我自己的小孩，將產品寄送給客戶，就像嫁女兒，我不希望產品被退貨，尤其是被使用後退貨。因此我常向客戶說：「你買我的東西，我希望你買得安心；我賣開關給你，我也希望睡得安穩。」

這個想法是我在來來飯店擔任七年採購時的經驗。在採購時，我是買方，最害怕的事情就是買貴了，或者是購入的東西品質有問題。因為曾經有買過東西的經驗，經營公司時，我也用「希望自己怎麼樣被對待？」的同理心來思考。我會希望賣方能夠滿足買方的需要，讓他們在不擔心受怕的情況下完成交易。

我也要求同仁，在接到國外客戶的信件或傳真時，四至二十四小時內要抓住信的重點，並且快速的回覆，客戶在詢問的事情，即使無法在一天內取得答案也沒有關係，但至少要讓他們知道：「我收到信了，正在處理這件事。」這就是同理心。

若是遇到出貨來不及時，就要在知道訊息的當下，立刻通知客戶。例如原本講的是三個禮拜會出貨，後來發現工廠訂單太多，或者某個零組件缺貨，組裝不及，都要主動提早告知客戶說：「這批貨會延期，可以接受分批交貨嗎？」這樣客戶向我們買東西時才會覺得安心。在交易的過程中，若產生了信賴感，也才能長長久久的合作下去。

現在我們在歐洲的客戶，很多都是和我們做了二、三十年生意的老顧客。所以我相信：「用同理心看待客訴，不要掩蓋或逃避，處理得好就能鞏固客源，甚至開拓商機。」這些並不是什麼高深的學問，而是做事情的用心。只要願意用心，讓對方感到安心，加上產品的品質好，就會繼續向你買產品。如此一來，事業才能長久經營得下去。無論從事哪一行，都要具備這種服務業的精神。

不忘初衷，方能始終。從十九歲立志創業，但我要創什麼業？怎麼創業？歷經數十年的摸索，終於領會了「人生有夢，築夢踏實」，因此我以自身的經驗，鼓勵年輕人要「唱出最想唱的那首歌」。

開關—12

不能教，只能學

和日本人做生意，
有錢也買不到技術，
除非雙方關係很好。

工廠管理說來複雜，其實也很簡單，就是不停的學習取經、吸收消化、內化，進而轉化為企業文化的一環。我三十年來行萬里路，四處參訪，在全世界看了百間工廠，這當中有同業，也有異業。

見習時看到好的、值得學習的，就會拿回來運用，調整成為自己的東西，這過程就如同疊羅漢，透過時間慢慢積累、茁壯起來。這是外行人的優勢，因為我沒有過去的經驗包袱，較能夠站在消費者（客戶）的角度去衡量、看待事情。虛心如海綿般吸收、學習。

如果你問我：「究竟圜達的管理是美式？歐式？或日式？」我認為全都不是，是自創的圜達式管理。只要是好的、有用的，管它原來是什麼式，全都吸收內化成為圜達式。

為了開發日本市場和購買自動化機器設備，早在一九八〇年代末期，我就與日本人開始交流，例如大昭和商社業務經理藤居先生。他們的公司是電子業貿易商，主要銷售的就是開關。因日本的製造成本越來越高，經常來台灣尋找供應商，將購買的開關一部分賣到美國。他看到我們的廣告後前來洽談，希望雙方能合作。

他的外貿經驗豐富，個性非常的嚴肅，是一個對產品嚴苛、挑剔、幾近於不好相處的人。接觸後在聊天的過程中知道他是「武士」階層的後代。他的個性確實很像武士，很嚴格，卻也非常的有俠義心腸。我們有交情後，知道我們想要突破技術瓶頸，便介紹我們去日本的開關上游供應商看他們如何射出、沖壓、電鍍、製作彈簧等，這對我們來說也有很大的啟發。

到日本後才了解，原來日本的產品之所以很強，就是強在上、中、下游全面性的技術水準都很高。例如豐田汽車的零組件並非全部自己做的，而是來自上游廠商，技術水準甚至比母廠還好，讓豐田汽車在市場上得以稱霸。

之前我們想合作的松久工廠，也和我們一樣向外購買零組件，工廠只做組裝的工作。但他的上游供應商有很好的模具技術，可以射出標準的塑膠零組件，沖出很好的金屬零組件，因此松久只要向上游購買來組裝就好。

我們也是向外採購，但當時台灣上游供應商相對較弱，看到日本很強的精密技術工業能力，就以此要求自己更上一層樓，這也就是後來我決定投入所有開關零組件製作的原因，既然沒有技術更好的供應商，只能凡事自己來，自己做好上游的零組件，並替品質做好把關的動作。

藤居先生二年後也離開公司，圜達二十周年慶時，曾邀請他來當我們的座上貴賓。

師法成田製作所的經驗

一九八九年六月，台灣因為缺工問題嚴重，到處找不到員工，只好用自動化取代人力不足。我想添購自動化組立機，在參觀台灣的自動化展時，無意間看到展場有一個「取放」（Pick & Place machine）裝置的自動機具，透過在台灣的聯絡人榮太郎，他是成田社長的哥哥，被派駐在台灣，我從這裡找到了日方的工廠成田製作所。

和日本人做生意，免不了會有交際應酬的時候。據我的經驗，與日本人交涉有三件事情很重要，一是會唱歌，二是會喝酒，三是會打高爾夫球。三樣可以選擇其中一樣，我不會喝酒，只好練習打球和唱歌。

為了向成田製作所購買機器設備，認識了成田社長，那幾年往來很頻繁。每次只要去拜訪他們，常會被詢問：「你的運動是什麼？」我知道當日本人這麼問時，八成至九成是要你回答「高爾夫球」。

有一次成田社長說要來台灣打球，但我不會打，從頭到尾只能用七號桿加推桿，實在是很遜。為了接待他，只好特別用高薪請一位教練陪打，打球時我當陪客，只是去撐場面和聊天的。

為了磨練球技，後來有一陣子認真的去學高爾夫球，和太太及好友組了「天天樂隊」，每天早上四、五點起床去打球，那段時間能打到八十幾桿，成績算相當不錯。

我與成田社長的感情很好，他幾乎把我當成兒子般看待。在他身邊我學會很多事情。例如成田社長很貼心，用餐時我喜歡吃哪一道菜？習慣什麼口味？他都觀察入微；下次接待時就能點我喜歡的料理。從成田社長身上，我學到了該如何用心待人，也試著去運用回報。

我在日本與他去ＫＴＶ時，就用心記下一個晚上他到底唱了哪幾首歌？一首一首按順序記下來。回台灣後我到唱片行，將那些歌曲一首一首找出來，

為了向成田製作所購買機器設備，認識了成田社長（右），他幾乎把我當成兒子般的看待。在他身邊我學會很多事情。這是我在日本與他去KTV時所攝。

錄成一捲錄音帶。下次他來台灣，我接機時在車上就放著這捲錄音帶，他聽了後發現其中的微妙之處，也很感動。等他返回日本時，在送機的路上，我再將錄音帶送給他。

在記錄與尋找日文歌曲的過程中，日文程度自然也進步了許多，尤其日文歌的歌詞裡很多漢字，讀起來與華語（普通話）差距很大，但與台語（閩南語）幾乎一樣，例如運動、世界、散步、了解，甚至由一數到十，韓語讀起來也是如此，歌唱學日（韓）語真是寓教於樂。

成田社長在日本有好幾間工廠，買機器設備時先後到宮城縣及福島縣等地工廠參觀。第一次見到成田社長是在福島縣的工廠，他那時五十多歲，我才三十多歲，將他視為長輩。

第一次從宮城縣的工廠要到他們位於福島的工廠時，發生一件趣事。這趟車程約四個小時，行前我想先去洗手間，他們聽說我要去廁所，便要我到二樓的來賓洗手間，因為那裡比較乾淨。我想說方便就好，就到一樓的洗手間，一進去才發現日本人所說「比較髒」的廁所，比起我們在台北的工廠還要乾淨很多。

我想知道他們為何會把洗手間整理得這麼乾淨，廁所門的把手都是乾的，進去要換上拖鞋，拖鞋鞋頭朝內，可以直接穿上就進去，代表上一個使用者，用完後將它轉過來，這是很體貼的舉動。

來到福島的工廠後，就和成田社長說：「我想拿攝影機來拍廁所」，他聽了後很訝異。他和台灣廠商也常有接觸，卻是第一次有人提出這個要求。我說：「你們的廁所不但乾淨，連拖鞋的鞋頭都是朝內，代表員工的細心。我想拍下來讓我的同仁們看看日本人的廁所多麼乾淨，並在廠內落實推廣。」同時我也邀請他下一回來台灣，務必來我們的工廠參觀，並且評鑑廁所，看看我們做得如何。成田社長也同意了。

到成田工廠參訪還觀察到一件事，在工廠的任何地方只要遇到員工，儘管他們並不認識我，也會親切的向我打招呼，簡單的問候，如說：「你好」、「早安」。我發現這個做法確實是很不錯，一下子就能拉近雙方的距離，尤其對一個從其他國家來訪的陌生來賓而言，立刻對工廠會產生極好的印象。回到台灣後，也在廠內推廣這項禮貌運動。

另外，我也注意到他們在廠內推行的「五S」運動，包括整理（Seiri）、整頓（Seidon）、清掃（Seiso）、清潔（Seiketsu）、身美（修身，Sitsukei）。因為日文讀起來都是S開頭，所以就叫「五S」。圓達後來加入「安全」Safety，推動「六S」。

在成田製作所感受到他們落實得很徹底，我覺得這些做法很不錯，也逐一回台灣應用。一步一腳印，點點滴滴累積起來，將它們變成同仁們工作中的一環，塑造成為公司文化的一部分。剛開始做時，同仁確實很不習慣，其實只要能養成習慣，習慣就會成自然，自然就會變成理所當然。而想要這樣做並不困難，重點只在於有沒有心要落實。

成田社長是我的貴人，也是我的恩師。圓達現在的很多制度，例如員工在工廠內，遇到同事及來訪的客人，都要親切的打招呼，主動說「你好」，就是參觀他的工廠後，從他那裡學到的。

如今圓達從主管到員工，所有的清掃工作都自己親手做，學習彎腰的謙虛處事哲學。尤其廁所的清潔、洗完手後先擦乾手才能開門，不要將門把手弄濕，用完拖鞋後順手將鞋頭朝內擺放等，這些原本只存在日系內的工廠文化，都被我拿回台灣及中國大陸的工廠推行。

二〇〇〇年圜達在珠海成立工模部（加工中心），購買許多精密的工具機，包括磨床、銑床、放電機、線切割、工具母機、光學鏡面研磨機等，先後購入大約一百五十台左右機器設備，讓我們在很多產品上做到全世界一流水準，也是師法成田製作所的經驗。

先學做人，再學做生意

現在圜達的產品幾乎已涵蓋了全球五大洲，每個國家的民族性不同，和他們做生意時，我都會事先研究，透過各種資料了解各地不同的風土民情。在這所有國家中，我認為最難纏的就是日本人。因為和日本人從設備、技術到產品等方面有長期合作的關係，為了解他們，我花了許多心思。

平時我就有閱讀的習慣，為更深入了解日本人，會特別去研讀日本歷史，花時間了解戰國時代、幕府時代，了解關東與關西的差異，也會看日本的職棒比賽。到日本出差時，和客戶聊天說起這些歷史故事，連日本人都稱讚。

日本人很重視信任感，尤其是他們最在意的技術，就算是向日本人買再多機器，合作再久，也買不到技術。但如果能取得他們的信任，就算是沒錢也能得到技術，這就是用心換來的額外收穫。

和其他國家廠商交流時，我也同樣用心了解他們的歷史和文化，例如德國人，他們做事情的態度和日本雖然很接近，但更重視規劃，並按照計畫逐步執行，若要蓋一條高速公路，預計工期是三年，他們一定按照工期步驟執行，不提前，也不延後。

德國人的民族性是把事情做好，顧好品質，絕不趕工。向我們買產品時，他們可接受你賣貴一點，但品質要有保障，服務要好。如果德國人對你有質疑，要講出能站得住腳的道理，並且信守承諾，就能成為長久的客戶。

在服務客戶時，我要求同仁要用心，包括隨時注意負責客戶所處國家地區的政治、社會、經濟等新聞，適時的提出關心，例如在新聞上看到法國南部某處淹大水，某家客戶位於法國南部，此時同仁就要主動發電子郵件向對方問候，這是同理心，也是維護關係的一種方式。

人與人間的關係，就是在這種日常生活中慢慢建立起信賴感，這就是父親提醒我的「先學做人，再學做生意」。

必須要有日本經驗

日本人以保守、謹慎聞名，想要得到他們的認同並不簡單，但是看完我們的工廠後，就促成了進一步的合作機緣。

一九九五年六月，日本上市的國際公司歐姆龍（OMRON）透過台北市分公司郭經理來電聯絡，歐姆龍在日本的倉吉工廠，有三位主管正好要來台灣洽公，不知能否拜訪圓達？那時我們已經搬到五股工業區了，我很納悶，歐姆龍既是競業廠商，又素無淵源，為何想要來拜訪圓達？

直到西村常務（職位等同於「副社長」）帶著兩位同事來訪時，我才明瞭歐姆龍也有生產和我們一模一樣的開關產品，在歐洲卻無法與我們相抗衡。日本人向來就是「既然我打不過你，就和你合作吧！」

這家有規模的日本上市企業，在全球有兩萬多名員工，主動找我們合作，是個很好的機會。我帶著一行三人走了一趟廠區，參觀了沖壓、射出、研發、品保、組裝等部門，西村常務看到我們的生產環境，連廁所都很乾淨；遇到的每一個員工，包括門衛都會主動且親切的向他們問好。

這些都是工廠同仁平日就展現的活力，不是他們來訪才表演出來的。走完一圈後，他對我們的考核已經打得差不多了，即將離開工廠時，正想趁機找理由要求也去他們工廠參訪時，沒想到他先開口問道：「林社長，你何時來看我們的工廠？」

這真是求之不得的事，兩天後我就到了日本鳥取縣倉吉工廠拜訪。那裡是日本二十世紀梨的原產地，也是童話鬼太郎的故鄉，是一座非常有特色的小城市。雙方往返後確認合作，但過程並沒有那麼順利。

之前與大昭和商社以及成田工業的合作經驗並不是很好，日本人對品質的挑剔，在公司內部造成很大困擾。同仁們忐忑不安，但我獨排眾議，堅持要與日本人合作。因為他們挑剔品質，才能讓我們的品質更上一層樓。

對圜達來說，當時最重要的就是學好基本功。就像練功的人「練武不練功，到老一場空」，必須學好蹲馬步，在學習的過程即使遇到腳痠、腿痲，也要咬緊牙關撐過去。我說：「只要公司不虧本就做，即使是撐也要撐過去、熬也要熬過去。與日本人合作沒有賺到錢也沒關係，只要我們要的品質能因此提升，利潤就可以從其他地方賺回來。」

和日本人第一次的合作經驗，就是與松久洽談了一年多，最後還是無疾而終，讓我深深感到，與日本人交流就像是男女交往，俗話說：「男追女隔重山，女追男隔層紗。」當你主動想要與日本人來往時，他們就躲得遠遠的，防備心很重；但是當日本人主動想與你做生意時，一切就都不是問題，這也是我們求之不得的好機會。

然而，合作說來簡單，做起來並不容易，過程中要承受的苦頭難以道盡。歐姆龍下給我們的訂單量並不是很大，約占總營業額的百分之五，對品質的挑剔卻是最多的，例如我們交一批貨幾十萬顆開關，其中一、兩顆產品不合格，不合格的數量即使是可以允許的誤差值範圍內，報告卻寫不完。

日本人習慣追根究柢，要求你講清楚問題發生的源由，因此品保部門要不斷針對問題，仔細研究不良品產生的原因，過程中要收集資料、拍照往返，耗費的精神非常大。尤其在當時還沒有電子郵件，光是資料往返，就要耗費很多時間。這時就可以發現，日本人講求的「零瑕疵」（Zero Deficit）的精神，也就是要求零不良率的極致。

此外，當日本人有問題找你時是「急驚風」，必須在要求的時間內儘速回覆，否則就會追到你無處可逃。相反的，若我們有事詢問，他們就是「慢郎中」，不急不徐的應對，甚至經常石沉大海。

因為日本人實在太難對應，平均兩、三年，圜達負責日本線的窗口就要換人。每次都找有留學日本三、五年經歷的同事進來，想說至少他們精通日語，有和日本同學相處的經驗，可能知道如何和日本人溝通，但根本沒用。在學校時同學間相處沒有利害關係，大家好來好去，但在職場，尤其歐

「東鄉電機」前田社長（圖右二）不只是我合作的夥伴，更與我有家人般的情誼。

姆龍是日本第一部股票上市公司（上市標準較高），公司又是近似終生僱用制，在內部就會有爭功諉過、不敢擔責任的問題，加上經常輪調，要求我們提供的答案細節到已幾近無理，常讓我們哭笑不得，但還是必須配合。

雖然有這麼多麻煩，但我還是堅持非和他們合作不可，這是為了練功，不是為了賺錢。為了提升產品的品質，圓達必須要有日本經驗。近二十年合作下來，看到了公司內部在文化上、觀念上的改變和提升，尤其日本人對製造過程的要求和謹慎，也漸漸的影響到了我們，助益非常深遠。

雖然合作過程並非一帆風順，但為了讓公司的技術及品質能夠更上一層樓，公司與歐姆龍每半年舉辦一次品質會，針對想溝通協調的事情，坐下來好好討論，並促進彼此的了解。可惜日本泡沫經濟後進入「失落的二十年」，景氣不佳，最先砍的就是差旅費和人事費。

倉吉工廠在一九九六年約有七百多名員工，二〇〇二年後至今裁員只剩下三百多人。雙方斷斷續續的開了幾次會議，漸漸無疾而終，而我希望品質會要持續舉行，因為和日本人做生意，有錢也買不到技術，但若雙方關係很好，就能取得某種技術上的協助。

日本人絕大多數是在集團裡工作，所以就算職務最高的社長，有些仍然是受薪階級，因此當他遇到不錯的合作對象，在可以容許的範圍內，會盡力提供必須的技術協助，確保我方供貨的品質，這也是對我們助益最大的地方。

此外，透過歐姆龍的介紹，也與同樣是它的協力廠——「東鄉電機」前田社長認識、合作，進而建立起如同家人般的情誼，這是和歐姆龍配合二十年來最溫馨的收穫。簡單說，從日本人身上我了解到很多事，就是「不能教，只能學」。

開關 13

不怕大風大浪，只求乘風破浪

必須抓住發展的趨勢，
在大麻煩發生前立刻解決，
不然很快就會被麻煩解決了。

「白浪滔滔我不怕，掌起舵兒往前划」。這首兒歌的觀念很正確，驚濤駭浪中的船兒要往前，不能光靠蠻力，必須先將舵穩住；方向對了，一切的努力才有意義。車好馬快不如方向對，否則速度越快，就離目標越遠。

一九八五年創業後不過三年，大家樂的簽賭歪風已經造成全台動盪。其實早在創業的第一年，大家樂就已在鄉里之間盛行，還好當時台灣社會的民風仍然純樸，加上經濟不景氣，我們只要在報上的分類廣告，刊登一幅二乘三公分「應徵作業員」的徵人啟事，兩天內會有上百人應徵。

但到了一九八八年，大家樂猖獗到已讓許多人為了發財使盡手段，飯不吃、工不做，只想著哪裡會出明牌。正好那年股市上看萬點，也有不少民眾每天到號子買股票。當時股市很旺，隨便買一支股票，都能賺到錢。在這種情況下，就出現很多想要不勞而獲的人。

不過不只是我們在頭痛，在那種集體沉迷在賭博一夕致富的社會氛圍下，全台各行各業都出現嚴重的缺工問題。雪上加霜的是，外在環境同時面臨嚴苛的考驗。

一九八五年因美日之間貿易逆差過大，美國終於無法忍受，向日本施壓，雙方簽訂「廣場協定」，日幣在短短幾年間升值三倍，日本製造業出口受到極大的影響。

一九八七年美國也對台灣祭出「三〇一」法案，要求台灣進口美國玉米、橙橘等農產品，台幣也被迫從一美元兌換四十元新台幣，一路升值為一美元兌換二十五元新台幣，升值高達六十%。

圜達的產品以外銷為主，短短幾年間台幣升值近六成，損失很大。有時在家裡吃晚餐，看到電視裡新聞播報台幣又升值了幾角，剎那間就損失幾十萬元新台幣，飯吃到一半，實在是嚥不下去，心情一下子盪到了谷底。我們什麼都沒有做，只因為幣值波動，就平白蒙受巨大損失。

那段時間我們處在「內憂外患」的雙重夾殺中，內憂是缺工嚴重，為了留住員工，除了盡力招募人才，還要拚命加薪，但從原本的月薪六千元新台幣，調高到一萬五千元，還是找不到人；外患是台幣大幅升值，出口成本不斷被墊高。

當時的情況實在危急，能做的也只有拚命苦撐，並努力思索對應之道。我們有三個方法因應：第一是走自動化路線，積極赴日本取經，向成田製作所購買機器設備，就是為了讓工廠自動化、減少雇員，同時成立自動化部門。

第二則是到海外設廠，一九八九年四月，我參加台北縣（現為「新北市」）電腦公會舉辦的赴中國大陸「探親團」，走訪北京、南京、上海、廣州、深圳等城市。那時政府僅開放赴大陸探親，便以探親之名，行考察之實，希望透過兩周的行程，找到適合設廠的地點。

第三當然就是等死（Wait and die），但「溫水煮青蛙」只會讓我們的下場更慘。與其坐著等死，不如走向海外。儘管到陌生的國家及城市設廠有風險，但至少能夠「賭」個機會。

「探親」為名的考察兼觀光

那年是我第一次到中國大陸，遇到的一切都很新鮮，還有一種同文同種的親切感。第一站抵達北京，一下飛機，踏上中國的土地，剎那湧起一股感動的感覺，眼淚就要掉了下來。兩岸分隔四十年，踏上中國領土的那一剎那，胸口自然湧現各式感情。出關後，在搭乘遊覽車駛進北京城裡的路上，看到道路上的牛車、驢車、馬車，恍忽間覺得北京似乎停留在幾十年前，令人有一種時空錯置之感。

當時台灣並未開放對大陸觀光，我們打著「探親」的名義，實際卻是考察兼觀光。走訪知名的八達嶺長城，終於見到從小聽到的民謠「萬里長城萬里長，長城外面是故鄉」的萬里長城。但印象深刻的是離開長城時，一位當地人想搭便車，她是一位大夫（醫師）。在台灣，「師」字輩行業的社會地位都很高，包括醫師、會計師、律師，這些人的腦袋聰明，氣質自然也和一般人不同；但這位當大夫的氣質看起來非常一般般。

交談後才了解，在當時的中國大陸，「師」字輩是很普通的行業，月薪約二百元人民幣，還比不上賣豬肉的攤販、理髮師、裁縫師等，這種現象和其他國家很不一樣，也讓我頗為吃驚。

緊接著來到南京、上海、廣州與深圳，行程中還發生一件插曲。在北京中關村電算機三廠參訪時，無意間看到很多我們生產的開關，因為是紅色很顯眼，在遙遠的北京看到它，不但親切，興奮之情更是難以名狀。

詢問後得知他們是透過香港、深圳的代理商，取得我們在台灣生產的產品，輾轉賣到北京，他們買進來的價格為三十元新台幣。我想若是能夠自己銷售，就能大幅降低價格，應該有機會擴大市場占有率。

獲悉產品是從深圳進入中國大陸，我在抵達深圳後，多方詢問未果，只好失望地回到台灣。

員工是企業最重要的資產

回台之後，缺工與台幣升值的困境依舊存在，我們必須盡快要到海外設廠。當時很多同業採取「南進政策」，我們也就前往東南亞考察，走訪了馬來西亞、菲律賓、印尼等國。

透過一位好友介紹，最後決定赴菲律賓馬尼拉市郊設廠，對方原本做的是紡織業，業績也很大，想擴大公司規模。幾番商討後，雙方達成合作協議，他們出廠、出地，我們出技術、設備，共同合資生產開關，由我方全數外銷歐、美。

但就在簽約後，也就是一九九〇年，菲律賓發生政變，讓設廠計畫生變。當時為了解菲律賓，我和同仁們輪流到菲律賓出差，希望以各種方式掌握在地政商情況，沒想到實際上在菲律賓的生活讓人很不安。

那一年，菲律賓發生兩件大事，一是菲律賓法院查明，馬可仕前總統就是一九八三年策劃暗殺當時總統參選人艾奎諾的幕後主使者，讓原本就已經紛擾的政局更加騷動。二是軍方領導人洪納桑，先後於一九八九年十二月及一九九〇年十月，兩度發動軍事政變，他還下令封鎖機場，所有航班都中斷了。

在台灣聽到這兩件菲律賓的重大變動後，我擔心未來這種事再度重演，若又急著進貨和出貨該怎麼辦？公司的產品體積較小，向來是以航空為主要運輸工具，貨物無法藉由航空順利運送是很嚴重的事。但真正讓我改變心意，放棄在菲律賓設廠的關鍵，是在一場餐會上。

在準備投產前我又去了一趟馬尼拉，菲律賓友人邀我晚上到餐廳用餐。那天他來酒店載我時，我看到他又換了一輛不同廠牌的車，因此好奇問道：「你今天怎麼又開不同的車？」他告訴我，因為治安不好，怕被歹徒鎖定綁架，他有幾部車輪流開。

在說話的同時，他從褲襠裡掏出一把二十多公分長的大手槍，我好奇的拿來把玩，發現它很沉重，就問道：「這把槍怎麼做得如此逼真？」他回答：「這是真槍。」我不解只不過是去吃頓晚餐，為何還要帶這麼大的槍？

他告訴我：「菲律賓因為貧富懸殊，經常有綁架事件，因此出門最好帶把槍。」我被他這句無意間說出來的實話給嚇著了。

接下來幾天我仔細觀察，無論是銀行或工廠門口，都會有拿著空氣槍的警衛，若遇到搶劫，可以立刻開槍喝止。很多老闆也會隨身攜帶槍枝，這裡的治安相對於台灣與中國大陸，變數還真不小。

身為老闆，絕不能讓同仁置身於危險的地方。在這裡若需要隨身帶槍自保，讓我不再猶豫，斷然停止投資，出門要帶槍，成了壓倒駱駝的最後一根稻草。我一想到若是幹部外派來這裡工作，會有人身安全上的疑慮，能賺再多錢我也不會動心。因此我只好一再和對方交涉，取得諒解後雙方解除合約。

有些朋友知道我的決定後，覺得很可惜，但我不那麼想。員工是企業最重要的資產，做任何決定之前，我當然一定要先考慮他們的安全。

誰也沒法叫醒一個裝睡的人

在這個世界上，沒有「一夜成名」這件事。俗話說：「台上一分鐘，台下十年功。」創業讓我深刻體悟它的道理。

一九九三年赴珠海設廠，不斷突破技術困境，在大陸投資到第十年，才逐步在激烈的市場競爭中，拉大與同業的差距。中國大陸低廉的工資與土地成本、勤奮的員工，讓我們如虎添翼，部分產品做到全世界第一名。

赴菲律賓投資設廠的計畫中止，隔一年我們再度回到中國大陸。一九九一年改革開放的趨勢已無法回頭，台商也開始一波波湧入。當時鄧小平正展開歷史上知名的「九二南巡」，赴武昌、深圳、珠海、上海等地發表重要講話，推動經濟改革，並將中國從「社會主義計畫經濟」向「市場經濟」靠攏。

實踐是檢驗真理的唯一標準，看到局勢變遷，我決定到中國大陸設廠，先請同事到東莞、茶山、石龍、惠州等地考察，到處尋覓設廠地點，但是看了許多地方都不是很滿意。因為那時這些地方都在大興土木，舉目望去，四處都是工地，塵土飛揚，走訪了十幾趟，依舊無法下定決心，內心實在是相當著急。

開關是非常微小又精密的電子產品，不能沾染上一絲灰塵或廢屑，只要有零點零一公分，甚至更小的毛屑，就會讓它失去作用。因此，工廠規劃嚴格的防塵設計，早在三十年前，我們的廠房窗戶都要密封，員工在開著冷氣的空調室裡工作，空氣也必須要經過某種程度的過濾。

廠內使用的地板是環氧樹脂（EPOXY），不容易起灰塵。為了不讓毛屑出現在空氣中，任何人只要進入廠房，就必須換上室內鞋，同時要求員工早晚要徹底打掃，將環境保持得很乾淨。

因為對環境有極為嚴苛的要求，所以我們提供的是很不錯的工作環境，尤其在早年，作業員上班有冷氣可以吹，福利可說是相當好。因此中國大陸各地飛揚的塵埃和污濁的城市街道，實在是很不適合我們。

有一次和日本朋友聊起這個困境，他聽我說設廠需要的條件後問道：「既然如此，為何你不去珠海看看？」他曾經去過珠海，認為那裡的城市建設及規劃很適合我們。當時已有不少日本人去投資，他可以引薦朋友給我認識。

一九九〇年代初期，中國大陸積極發展經濟，各地方政府為吸引外資，只要企業願意前往投資，都以高規格來接待，不但可以見到當地最高層級官員，也會祭出各種投資優惠方案。不誇張的說，他們是鋪著紅地毯歡迎外資。投資機會很多，也有不少人介紹合作對象，包括正在謀思轉型的國有企業。

一九九二年八月，我又策劃了一趟訪問行程，其中參觀蘇州國企和佛山私企，他們渴望外資入股，積極爭取合作的機會。那一趟我從上海下機，先到蘇州，拜訪了當地一家國有半導體工廠。工廠有三千多名員工，因人數很多，廠房就像是一個縮小版的社區，建置各種完善的設施，想得到的硬體、軟體都有，包括住宅、學校、醫院、銀行、超市、電影院等。

當我走在廠內，雖然員工人數頗多，卻沒有太多的生氣。後來他們又帶我們到廠區內一個與港商合作的小型樣板工廠，約有二百位員工，到生產線參觀時，我們一行人好像是動物園裡的動物，被幾百雙眼睛盯著看，走到那裡就被盯到那裡，代表這些員工並未認真工作，而是以好奇的心態在觀看我們的到來。

從這個小地方就能看出，這家工廠的效率低落，產品不良率一定驚人。再加上是國企，瀰漫著吃大鍋飯的官僚氣息，甚至在廠內走動拜訪時，觸目所及看報的看報、喝茶的喝茶，完全沒有任何一位員工主動和我們打招呼，見到的每個人都板著一張臉孔，臉上也沒有笑容。

這間國企年營業額約一億二千萬元，當時我們的年營業額將近一億元，員工卻只有七、八十位。以他們的營業額和規模來說，顯然冗員太多，若要接手，勢必得解決令人頭痛的人事問題。參觀完後，他們很積極的遊說我，並表示可以從三千多人裡面挑出較好的二百位員工，滿足設廠第一階段的需要。

但我認為，要在滿袋的黑球裡挑出白球，這是很難達到的目標。他們覺得我很不可思議，怎麼可能從三千個人裡挑不到想要的二百名員工？然而我深信習慣不是一天養成的，尤其員工一直都以捧著鐵飯碗的心態敷衍應付，就算換了老闆，也很難叫得動他們。簡單說，誰也沒法叫醒一個裝睡的人，雖然這裡的硬體設施不錯，合作條件也優渥，但我還是決定打退堂鼓。

來到知名的蘇州，一定要到當地的名勝古蹟觀光，如留園、獅子林、拙政園、寒山寺等。蘇州的人文氣息相當濃厚，在園林裡可以感受到一股人文薈萃的氛圍，尤其是獨具匠心、以物借物等建築設計技巧，在極為有限的空間裡移步換景，展現四季的庭園變化，非常吸引人。駐足其間，發思古之幽情，也讓我對蘇州留下很好的印象。那一趟蘇州行，雖然沒有投資，卻替二〇〇四年到蘇州設廠打下了根基。

接著來到廣東佛山，這是經由台灣一位電子業前輩介紹，佛山有一家工廠也想找合作夥伴，對方很有誠意地邀請我們去參觀。到那裡才發現，他們的廠房是泥土地，窗戶是打開的，連防塵觀念也不具備，顯然不適合我們。

從佛山往南，約四、五個小時車程才進入珠海。剛踏進這座城市，便發現這裡的街道、空間和中國大陸很多地方都不同，道路筆直寬敞，建築整齊，在夜晚時分燈光明亮。相較於其它城市天空總是一片陰沉灰色，看得到藍天白雲的珠海，讓人心情頓感愉悅。

更特別的是，珠海的馬路很乾淨，和之前參訪的城市，總是看到人車爭道、四處是紙屑垃圾等市容相較，實在是大不相同。行走在珠海，還會讓人誤以為自己不在中國，而是來到某個西方國度般的舒適怡人。

後來我才知道，珠海被聯合國評選為全球最適合人類居住的二十四座城市之一，足見其環境優美。聽當地人說，珠海原本是個三萬人口的小漁村，廣東省政府希望它發展為觀光城市。與同樣是小漁村的深圳最大的不同，就是深圳是以工業發展為主，因此兩座城市呈現出來的樣貌也就截然不同。

在珠海和日本朋友介紹的女廠長王威認識。她是一家日商組裝廠（OEM）的廠長，在這間公司工作了二年多，底下有一百多名員工。進入這間工廠參觀時，看到井然有序、環境乾淨的工廠，可見她的管理水平不錯。

聊天時她透露，這間日商工廠即將搬遷到深圳，我心想，如果來珠海設廠，就可以請她來當廠長，主管人選不是問題，再加上很喜歡這城市的環境，治安也不錯，應該是很好的選擇。花費三年多的時間，經歷一番選址設廠周折，終於放下心中的大石頭。一九九二年九月回台後，著手申請執照，隔年五月核發下來，八月正式投產。

到珠海設廠之初，廠址選在南屏鎮，在六層樓的廠房裡先租了第五樓，大約二百坪（約六百平方米）的廠房，再從台灣運送設備，加上一些簡單的加工機具，用最經濟的方式開始投資，如同台灣早期的狀況。

當時的中國大陸工作難找，在工廠門口及一樓入口處張貼一張招募作業員海報，應徵的人數多到從五樓排到一樓。同事還開玩笑說，挑員工就像選美，環肥燕瘦、身高、體重、長相，任我們挑選。雖然口氣中帶著一絲輕蔑，但確實是當時的真實情況。不只我們，在中國各城市設廠的外資，都曾經歷相同豐沛的人力榮景。

公司的產品很小，沒有粗活，只有簡單的組裝工作，但卻需要眼力好的員工，挑選作業員的年紀大約在十八至二十歲。因為害怕落塵，必須在密閉的冷氣廠房裡工作，和吵雜、髒亂的工廠相較，成了絕無僅有的工作環境，在珠海造成一時轟動。每次應徵作業員，都會吸引大批年輕人，甚至有人冒名來應徵，例如明明是十六歲，卻冒用已經十八歲朋友的身分證，想混進來工作。

工廠提供不錯的伙食、宿舍和制服，被挑選上的員工都很高興。只要進來，他們會到工廠的樓下拍一張穿著制服的照片，寄回老家報平安，並和家人說自己已經找到一分很好的工作，這件事後來在員工間蔚為風潮。

只賺應該賺的錢

南屏廠初期做的是需要手工組裝的產品，並以「來料加工」為主，由圜達提供全部零組件，南屏廠只要依照我們的要求加工裝配，成品交給圜達銷售，他們收取工資，用來支付租金、水電、人事等開銷，並可以在當地採購，但僅限於輔助材料如紙箱等。

「來料加工」加上「兩免三減半」的租稅優惠，稅負很低，但生產的成品只能用於外銷。但若要轉銷到中國，必須從珠海運到香港，報關後繳完進口關稅再進來。雖然手續繁複耗時，且要支付額外的運送成本及關稅，但仍划算。

一九八九年第一次到中國大陸參訪時，已經有人在賣圜達的產品，因為品質優異，我們是第一品牌，中國內銷市場頗大。早期台商到中國投資，不少人會鑽法律漏洞，走灰色地帶，例如原本申請的是「來料加工」，產品必須百分之百出口，卻偷偷的賣進國內，賺取暴利。

雖然也有員工問我：「大家都在做，為何我們不做？」我說：「我們不賺黑心錢，只賺應該賺的錢」。做生意我強調奉公守法，唯有如此路才能走得長遠，每晚也能睡得安心。

手工組裝，需要的是工作效率，為了提升產品的品質及效率，我們推動「2Q System」（Quality, Quantity），以「論件計酬」的方式鼓勵員工多做多得。相關部門同仁依據各種開關組裝的難易度，訂定一天工作七個半小時的基本數量。例如某項開關，五秒鐘組裝一顆，一分鐘組裝十二顆，一小時可以組裝七百二十顆，每人一天最起碼要組裝五千四百顆。若作業員當天組裝零組件的數量是五千六百顆，效率超出的部分，一顆就以原本的工資零點二元再加十%。如果效率再高，還可加到十五%，但如果有不良也會扣款，避免只顧衝效率而罔顧品質。簡單說就是多做多得，去除原本吃大鍋飯的心態。

為了賺取更多薪水，員工上班時都低著頭趕工，遇到有人來參訪時，也不會停下來或東張西望，整體的工作效率變得很高。當他們對工作熟稔後，做出來的產品不但數量增加，品質也很穩定。

公司每個月都會表揚優秀同仁，並將工作成績張貼在公佈欄。這樣做一方面可以獎勵優秀人才，成為公司未來培訓主管的重點人才；另一方面表現一直不佳的，也知道自己不適合待在這裡，通常會自動離職而達到「善的循環」。總體而言，中國大陸的員工就像一匹黑馬，只要用對方法，就能將他們手巧又吃苦耐勞、效率好的內在潛能發揮出來。

當時中國大陸內陸農村的年輕人紛紛進城打工，肩負起養家的重擔，工廠裡也有不少這樣的員工。印象深刻的是一位才十八歲、來自江西鄉下的女生，經過激烈的面試後（二十多個人中挑選一個）進入公司。她的表現很不錯，一年半後當上小主管，月薪約九百元人民幣（約合新台幣三千六百元），就能負責供養老家裡的九口人。

剛到大陸設廠時，員工月薪約一千到一千二百元新台幣，台灣則要一萬五千元新台幣，差距約十倍。而且大陸員工很勤勞，他們恨不得每天加班，與台灣有訂單時卻很難向生產線催貨，完全兩個樣。因為大陸的產能提升，讓我們可以在國外大量接單，營業額也成長許多，原本在五樓的廠房已不敷使用，只好再租下四樓及六樓。

南屏廠從原本的「來料加工」，隨著訂單增加，改為「進料加工」，再將沖壓、射出等設備及材料從台灣運到大陸，在當地自製零件，做成開關再出口。依照法規「進料加工」有二成的產品可以內銷，八成外銷。但為了避免混淆，我們還是全部外銷。

珠海的工業在當地政府的經營下發展得很快，不久又成立新的工業區。我們決定購地蓋廠房，一九九八年買下現址。當時地方政府為了獎勵外商投資，提供很好的條件，圓達有全世界最輕薄短小的「高新技術」，因此得以用極為優惠的條件取得土地，廠房蓋好後，於二〇〇二年正式搬遷。

隨著圓達業績蒸蒸日上，珠海廠逐漸發展為設備完善、進料加工的工廠，有能力自己沖壓、射出、生產，還有研發部門，可以自製自動化組立機、模具等，它也是我們在中國大陸最大的工廠，最多時曾有二千多名員工。

一切自己來

一九九〇年代初到中國大陸投資的台資企業，以傳統中小企業為主，設廠的地區集中在深圳、珠海、廈門、汕頭等經濟特區。二十一世紀初期，台灣上市高科技公司，如廣達、仁寶等紛紛前進長江三角洲，投資地點集中在大上海地區，包括上海、蘇州等地，我們的開關最早是用在電腦的主機板，主要客戶都集中在三C產業。

二〇〇〇年我到長三角考察後，心中出現兩個困擾，一是先到上海設廠，就近服務客戶？或是先設辦事處？後來考量到這些客戶甫到長三角，尚未站穩步伐，訂單量也還沒有大到必須立即去設廠，決定先在上海成立辦事處，由業務同仁就近服務客戶。

位在珠海的圓達二廠（上）惟達20年廠慶，以及位在蘇州的圓達三廠（下）立泰創設，讓圓達的生產規模逐漸擴大。

這些筆電廠商到大陸投資初期，零組件採購仍由台灣總公司決定，由我們提供樣品讓研發測試、品保驗證、採購決定價格，再交給大陸子公司確認採購數量，業務同仁的工作是拜訪客戶、確認訂單。隨著長三角業績慢慢增長，當客戶想要到工廠時，必須赴珠海，他們反應是「那裡太遠了」。

在珠海廠生產好的產品，必須出口到香港，再進口到蘇州，繁複的手續有時難免影響交期，於是二〇〇四年我決定在長三角設廠，依照客戶的所在位置，在上海、昆山、江蘇等地選擇一個中心點，最後落腳蘇州項城工業園區。我們用穩健經營模式，在蘇州先租廠房，一切從零開始，再慢慢擴廠。蘇州廠初期也以人工組裝零組件為主，因應長三角不斷高漲的人力成本，漸漸導入自動化設備。

外資在中國大陸設廠多為「來料加上」與「進料加工」，做好的產品必須出口、再進口，耗費運輸時間，尤其遇到旺季時會來不及交貨。為提供廠商便利的交期，中國政府批准在上海市外高橋成立「保稅區」，不必再將產品運送到海外，而以文書作業的方式審核，可以說是相當方便。

其後，因應筆電產業激烈的競爭，在全球化，為達到「Just in time」的交貨要求，也就是當客戶需要零組件時必須馬上供貨，因為出現了「HUB 倉」。它是境外倉庫，由我們將產品從工廠發到境外（HUB 倉），出口報關，送進倉庫，再依照客戶的需求備貨，隨時提領，並以取貨的數量交付費用。蘇州廠與筆電、平板電腦等3C業者的距離最近，透過業務往來，能夠即時了解客戶的需求，達到客製化的要求。

意志力就是執行力

近年雲端伺服器（Server）網路崛起，客戶提出「帶燈開關」的需求，就是按鍵按下去後會發出閃燈，做為開、關的提醒，這項產品的開發交由蘇州廠負責。

在開關上加入ＬＥＤ燈是呼應時代的需求，它有幾項優點，包括節能減碳、省電、亮度均勻、光度好，市場上對這項產品的需求量非常龐大，但要將ＬＥＤ燈放進一顆不到一公分的開關內，代表ＬＥＤ燈更小，技術上要突破的難度不少。在「帶燈開關」系列，圜達是全世界第一個從燈到開關全都自己製造的企業。

二〇〇五年起，中國大陸沿海出現人力荒，同時內陸各省市為發展在地經濟，紛紛提出如同早期沿海城市般優惠的招商條件。評估了許多地方後，二〇〇六年我們決定到江西贛州設廠。原因則是當地大多為勤奮的客家人，還有一位員工的老家在那裡，主動提出要到新廠工作。

初期我們派遣設廠團隊，並提供教育訓練，也找了十多名當地員工來珠海廠受訓。贛州廠約有五百多名員工，是公司在中國大陸投資的第二大廠，由大陸員工負責管理。這群員工很熟悉公司的營運及企業文化，經營績效很不錯。

其實只要好好對待大陸員工，積極且給予適度的培養，他們都會有很好的表現。而原本公司對贛州廠的人力要求是一千人，但始終無法達成目標，因為很難招募年輕人，離職率又高，缺工問題還是存在。隨著公司業績每年成長，勢必還要再覓新廠。

有位主管的老家在湖南省會長沙附近的桃江縣，當地政府積極地提出多項優惠，其中之一是協助招募員工。此地人民以務農為主，個性較為樸質，於是二〇一〇年我們在桃江設立第四廠，這個投資案是桃江經濟開發區第一個引進的外資企業，在當地造成轟動，還上了媒體。

和在地政府簽訂投資意向協議書後，經濟開發區與縣勞動部門幹部走村串戶，招募了一百多名員工，我們先讓這群員工到珠海實習三個月，但三個月後回去桃江廠的員工並不多，一方面是年輕人發現珠海比較繁華，想要留在城市，有些人則是另謀他職。

設廠後也才發現，原本我們以為的優點竟是缺點，當地是農業社會，農忙時員工會自動消失，返鄉種田；雖然很傷腦筋，卻也無奈。

赴中國大陸二十多年，投資五間工廠（第五間為電鍍廠）、八個辦事處，一路上遭遇許多困境，卻都一一度過。其實只要領導者做了對的事，管理者再把事做對，兩者相輔相成，就能發揮加乘效果。

意志力就是執行力，我相信「惟其艱難，才更顯勇毅；惟其篤行，才彌足珍貴」。環境在快速改變，若無法抓住發展的趨勢，在麻煩發生前不立刻解決，很快就會被麻煩解決了。三十年來圜達就是在這種壓力中，不斷的自我調整，才能在開關業屹立不搖。也讓我深信經營之道無他，就是「不怕大風大浪，只求乘風破浪」。

做中學，找答案不追責任

了解問題的本質，
在圜達沒有不會，
只有「做中學」。

「圜達」這個名字是我取的，它有三個意思，一是貨幣的單位，如韓圜，代表錢；二是九重天，有宇宙、世界之意，我希望公司的產品能賣到全世界；三是協調，有一句成語「轉圜餘地」，它的意思是留後路、提供更多空間，我希望在經營上能夠更靈活、更協調、更富有人性。

圜達是由生產「程式開關」(Dip Switch) 起家，所以公司英文名稱 Diptronics，英文標誌就以這三個英文字畫出一個微笑的臉，它也有三個意思，D 是 Distinction（卓越）、I 是 Innovation（創新）、P 是 Passion（熱忱），公司的

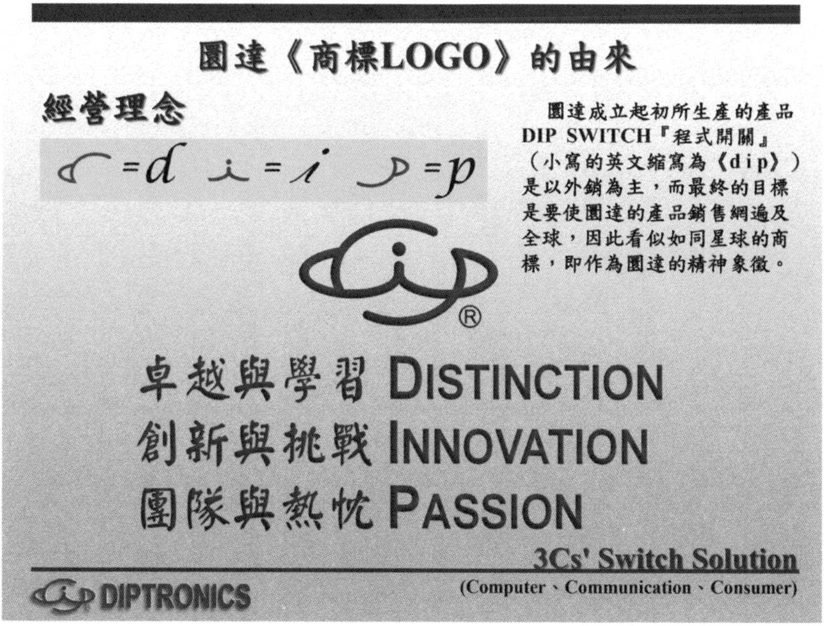
圜達《商標LOGO》的由來
經營理念
=d =i =p
圜達成立起初所生產的產品DIP SWITCH『程式開關』（小寫的英文縮寫為《d i p》）是以外銷為主，而最終的目標是要使圜達的產品銷售網遍及全球，因此看似如同星球的商標，即作為圜達的精神象徵。
®
卓越與學習 DISTINCTION
創新與挑戰 INNOVATION
團隊與熱忱 PASSION
3Cs' Switch Solution
DIPTRONICS
(Computer、Communication、Consumer)

圜達成立起初所生產的產品DIP SWITCH『程式開關』（小寫的英文縮寫為《d i p》）是以外銷為主，而最終的目標是要使圜達的產品銷售網遍及全球，因此看似如同星球的商標，即作為圜達的精神象徵。

經營理念就是「卓越與學習、創新與挑戰、團隊與熱忱」。

一直以來，我抱著戰戰兢兢的態度投入工作，帶領團隊不斷追求更高的技術與更高的成長。現在能有這些小成就，是因為專注投入本業，並且堅持只做開關。事實上在我們生活周遭可以見到各式各樣的開關，有大、有小，種類高達數千種，圜達只做藏在電子產品裡面，一般人根本看不到的微小開關。我們不做一時的短線操作，而是堅持「一門深入」的永續經營。然而要做到「一門深入」，其間遭遇的困難及花費的心力，外人很難想像。

不做價格的競爭

初期，我們做的開關是長約〇・四到三・二公分，寬約一公分，比較厚重，技術上也比較簡單，屬於低階開關，接著我們開發中階開關。一九九〇年之前，公司只賣「程式開關」系列。

但若要擴大業績，勢必尋找更多產品，於是請同仁進行市調，詢問客戶在他們購買的電腦中裝置的開關，還有那一類值得投入？最後我們選擇「輕觸開關」（Tact Switch），它的應用範圍非常的廣，幾乎所有電子產品都用得到，包括筆電、電視、洗衣機、電動牙刷、電磁爐、耳溫槍、車上音響等。可以說凡是用觸壓方式按的開關，都屬於這一類。

投入「輕觸開關」系列後，公司的規模及產能開始擴大，目前它的產量居冠，年出貨量約占八成，金額約占四成。從量、價關係可以得知，它的單價並不高。另外為了因應市場需求，陸續推出「旋轉開關」（Rotary Switch）、「滑動開關」（Slide Switch）、「偵測開關」（Detect Switch）、「複合開關」（Multifunction Switch），也就是可以往前、往後、往下按的開關，以及「帶燈開關」（Led Switch）。

綜觀這三十年來公司的產品，圜達是提供在3C開關的解決方案（3C's

Switch Solution），意即專注在電腦（Computer）、民生用品（Consumer）以及通信（Communication）產品。專注這三大類，可以應用的產品很多元，包括手機與筆記型電腦、穿戴裝置、汽車、家電用品、健康醫療產品、雲端裝置等六大類。客戶包含世界知名大廠，如Siemens、Sony、Bosch、Honeywell、Elextrolux、Motorola、Samsung、HP、Dell、華為、中興、聯想、海爾、海信、小米、廣達、鴻海、仁寶、緯創、英業達、華碩等。在全球，近乎百分之五十的筆電產業，都使用圜達生產的開關，市占率很高。

不斷的要求產品良率及精益求精之下，圜達每個月平均生產一億顆開關，目前六大系列已衍生約有一萬種開關產品。因為投入了昂貴的自動化機器設備，更好的技術，及更好的材質，做出更高品質的產品，我將公司的產品定位在：中價位、高品質。

如同任何產品，開關也有高、中、低三個等級。高階產品如同精品概念，市場需求量少，但單價高，買的人不多，但有很好的利潤；中階產品是價位一般，對產品的品質有一定要求，如同便利商店；低階是單價最低，量最大的產品，如同路邊攤貨，也是競爭最激烈的市場，是殺戮戰場。圜達以中價位產品為主力，逐步往高價位產品發展。

如何替公司的產品找到最佳的市場，並定出符合現況的價格策略，要先了解三件事，一是清楚自己的實力，做SWOT分析，評估企業的優勢（Strengths）、劣勢（Weaknesses）、機會（Opportunities）和威脅（Threats）；二是定位，公司的產品依公司之技術水平、各方面資源的衡量定位在中價位、偏高品質，而不刻意追求「量」。

以上兩者都屬於戰略層次。最後是戰術，不做價格的競爭，以免拉低公司在市場上的形象。要做出中價位、偏高品質的產品，將成本控制在一定的程度內，並不簡單。尤其現在是全球競爭，中國大陸廠商能夠用很低的價格來搶單，有些技術門檻不高的開關，他們的報價之低，讓人難以想像。

另外韓國廠商也不好對付，因為有政府的政策及資金支持，通常也能將價格壓得很低。身為凡事都必須自己來的台灣廠商，只能透過自動化的導入，提高產品品質，降低人事及營運成本，建立贏的策略。

做中學，學中覺，覺中悟

一九九〇年代，台灣規模經濟還小，我已在公司成立自動化部門，材料外購，自製零組件，全面垂直整合生產（俗稱一條龍生產，即除購入原物料、包裝材料，其餘製程全在場內生產）。一開始還看不出它的效益，但將生產線拉到中國大陸後，複製相同的生產線，有了一定的規模經濟，效益就出來了。

圓達是製造業，更是服務業。在客服上我向來強調，要站在客戶的立場想事情。若是某項產品的交期緊急，生產線可以臨時調度。在建全了自己的核心技術能力後，就更能因應客戶的各種要求，加速交期。

針對客戶所要求的客製化產品，因為所有的零組件都能自己做，即使客戶下的訂單不是那麼大，也可以達到客製化的要求，我們的競爭力當然居於領先。

自動化還有一個最大的優點就是節省人力，雖然剛開始的投資金額很大，長期來看卻能降低成本，尤其是從勞力密集轉向資本密集，再進入技術密集，用提升技術來拉高同業競爭的門檻。這十多年面對大陸的缺工問題，若不是即早導入自動化設備，否則真的只能坐以待斃。

雖然一路上不停的遭遇挫折，不論是新技術、新品開發、或是開發新客戶，都會碰到失敗，但我要求同事不斷的去挑戰新事物，即使失敗也沒有關係。努力不一定馬上有收穫，但只要不放棄，耐心等待一定會有好結果。

做事情最有趣的地方就在於「持續」及「累積」，持續累積後一定能找到解決的方法。嘗試新事物的過程中，無論碰到任何問題，都要鍥而不捨的去找尋答案。只要用心去找、用心去做，從基礎下功夫，透過原理原則落實去探討，再練好功夫，鐵杵終究會磨成鏽花針。

對同事來說，我的要求往往會造成他們的壓力。但我一再告訴他們：「勇於突破、不怕做錯、共同承擔」。不要害怕去嘗試，公司願意提供設備及相關資源，也不要怕花錢、不要怕出錯，做錯了，再改就好。人最怕的是不去嘗試，害怕出錯。

若是沒有技術來源，就想辦法去找、去試。俗話說：「一回生、二回熟，三回變專家。」而且技術的東西有它的邏輯，做愈久、愈投入，就能跨出門檻，找到自己的海闊天空。圜達在這樣的信念下，走了無數錯誤的路，付出了很多成本。但我認為要鍥而不捨的去堅持、去挑戰。

我也常告訴同事，這些機器設備及人事成本的投入，若是我們能負擔得起，且不會造成營運上的困難，就一定要做。在點滴累積經驗下，終於掌握六大核心技術，分別是沖壓、塑膠射出、設備加工、電鍍、自動機研發製造與ＬＥＤ燈泡生產。

做事的過程中，只要選好方向，不給自己找藉口，「做中學，學中覺，覺中悟」，只要養成踏實的個性，凡事多用心做，厚植實力，就有突破就會成功。

所以我非常忌諱同事說：「這個不可能」，這種「自我放棄」的想法是錯誤的，只要你自己願意去試，就算試了後不如你的設想，也沒有關係，經驗是從錯誤中去累積出來的。

人生沒有失敗，不是得到，就是學到。頭腦是越用越靈活、越用越聰明，千萬不要自我設限，很多成功是發生在你覺得不可能的事情上。

找答案不追責任

公司經營非常強調「目標管理」，每個部門每年都會有分派的任務指標，為了在年底能落實，必須將這些任務分派到每天、每周、每月、每季、半年、一年，依序來進行。

為了這些任務指標，會議扮演了重要的角色，它是溝通公司政策、部門協調最好的機會，因此每周、每月、每季、每半年及每年，都要舉辦固定的會議。因為常開會，同仁們對於開會技巧、重點都很熟悉，開會並不是件困難的事。

多年來我也發覺，只要能夠認真且持續的開會，並落實會議中的決策，漸漸的就會看到成果，進而在行業內成為贏家。會議必須定時開，還要做到五個層次：

①會而有議。
②議而有決。
③決而有行。
④行而有果。
⑤果而有檢。

會議時間以不超過兩小時半為原則，開完會後兩小時內，會議記錄即放在網路群組，依重要、緊急度列入追蹤，時時檢討完成的進度。

當公司還很小時，對於開會這件事，還感受不到它的重要性；但是當公司大了以後就會發現，開會的重要性及成效相當驚人。

二〇一一年起，圜達推動「五大專案計畫」，包括精簡人力、不良率降低、報廢率降低、庫存率降低、客訴率降低，目前已經有不錯的成果。其後，再加入三項專案：用電量降低、毛屑降低及耗用紙張降低。

每一項政策在推行時，只要涉及改變，同事們內心不免會排斥，因為這些改革與他本來的思維不同。因此每個月都會舉辦會議，將兩岸各工廠部門主管聚在一起，上台報告各廠針對不同專案推行的狀況。

有人做得很好、有人做得比較差，此時就會有競爭的氛圍，回去後也會加把勁達成目標。在會議上執行得好的部門，會分享及協助做得不好的工廠，做得比較差的工廠，也可以到其它工廠觀摩學習，了解他們是怎麼做到的。

推動多年後，成效相當的顯著，以二〇一一年三月為基礎，到二〇一四年十二月三十一日，人力已減少約一千三百五十人，約減三分之一。若將這些人數估算在中國大陸的人力薪資（含五險一金），一年可節省非常可觀的金額。

會議是一個很好的交流平台，能達到彼此間的互動，並展現成效。我也常告訴同事，當大環境改變，問題出現，最重要的是你要怎麼去面對問題。此時要了解問題的本質，不要抱怨，去採取快速而有效的解決對策，用心努力去執行，就會看到它的成果。總之，在圜達沒有不會，只有「做中學，找答案不追責任」。

開關一15

與其抱怨，不如改變

要提防剛愎、隱匿、傲慢。
成功也許是偶然，
但失敗往往來自重覆的錯誤。

我很喜歡一個寓言故事，從前有位樂善好施的員外，死後來到陰間，閻王對他說：「你在世時做了這麼多善事，投胎轉世時有什麼願望，本王一定為你實現。」

善人聽完很高興地說：「我有四個願望：一妻二妾並兩美，百畝良田不缺水。兒是狀元父宰相，己身只中一個舉。」

員外說完，閻王嘆了一口氣說：「世間真有那麼好命的人，乾脆我的位子讓你坐，我去轉世好了。」

人生不可能十全十美，不妨坦然接受自己的缺點，當作完美人格當中的不完美。凡事如果能同明朝開國軍師劉伯溫所言：「豈能盡如人意，但求無愧我心」，那就很了不起了。

我也很喜歡一句英語格言"You never know, Never too late."意即人生充滿未知，不要用框架思考，也不要自我設限。未到最後，都可能還有轉圜。

我是雙魚座，對員工很講情，總將他們當成自己的弟弟、妹妹看待。但有時難免會遇到自己覺得很不錯的員工，公司也刻意栽培他，他卻因為個人職涯規劃等原因選擇離開，這些事總讓我難過。

創業的前十年，面對這些人事上的挫折，總會感到痛苦，因為公司成立到現在，除了品德問題，我幾乎沒有主動 fire 過員工，都是我被員工 fire，而我被 fire 的次數也無法計算。

漸漸的，我也只好想辦法看開，再換個方式想，我是在為國家社會培養人才，既然留不住他們，無法當同事，也可以當朋友，把路走寬一點。

面對它、接受它、處理它、放下它

父親曾提醒我：「有量才有福」，我也深信「財聚人散，財散人聚」，用提供更好的福利，積極教育訓練等方式，讓他們覺得留在公司會有更好的發展。甚至到國外參訪時，也會帶他們去看，讓他們覺得留在圜達有更多、更好的挑戰機會，學得到東西，加上福利好，漸漸就能融入，成為團隊的成員之一。

現在面對問題，我看得比以前豁達，從另一個角度來想，說不定是我以前哪輩子欠他的，現在是來還他的，若能這樣想，心裡也寬慰很多。我很喜歡聖嚴法師的這句「面對它、接受它、處理它、放下它」，遇到問題若是逃不掉，就坦然面對，用心處理。

然而也很奇妙，不論在你身上發生任何事情，都是老天認為你能面對，而且可以解決，才會讓事情發生在你身上。因此，我選擇以信心與智慧去面對、處理，並有決心、想辦法去突破，一次、二次、三次，到最後真的就能突破。

做人如此，經營事業也是如此。我認為凡事只要願意用心，不要逃避、不要擔心，願意花時間去學習，就可以慢慢從外行步入內行，慢慢的會越來越熟悉，成為這個行業的專家。現在只要談到微小開關，全世界電子界都知道圜達，我在業界也有了一定的高度。

創造自己的優勢

無論做任何事情，我都是抱著「與其抱怨，不如改變」的心態，堅信「沒有不景氣，只有不爭氣」。唯有與時俱進，即知即行，才有機會繼續存活。天下沒有白吃的午餐，也沒有白吃的苦，苦盡自然甘來。

雖然從小被算命先生斷定，我這輩子衣食無缺，但自己卻不認為只要長大後接下父業就好。我想要勇於找到自己的道路，開拓自己的世界，所以十九歲時就立下心願，日後要自行創業。

俗話說男人有三大不幸：「少時家有錢、娶妻過美與少年得志」。林則徐祠堂的對聯：「子孫若如我，留錢做什麼？賢且多財，則損其志；子孫不如我，留錢做什麼？愚且多財，益增其過。」太負責任的父母會養出不負責任的子女，太負責任的主管會培養出沒有擔當的部屬，外在困難的環境，往往是我們最好的老師。

每個人都無法改變外在的環境，在公司三十年的經營過程裡，我們面臨無數的挑戰。創業不久就遇到台灣大家樂風行，缺工問題嚴重，但抱怨有用嗎？不如趕快找到解決方法，因此積極到中國大陸設廠。

到中國大陸後，發現這是個無限潛力及機會的地方，二、三十年前，它是世界的工廠，漸漸轉型成為世界的市場，光是一年就賣出二千三百萬輛汽車、五億支手機。接近市場，讓我更敏銳的嗅出商機，進而抓住它。

二〇〇八年起，中國大陸也與台灣二十年前一樣，開始有了缺工問題。但我不抱怨，透過自動化設備的導入，降低對人力的需求，再加上就近供應產品、提供服務，和市場產生連結，反而爭取到更多的訂單，圜達的業績就在這種不抱怨的企業文化下，一直在成長。

我的個性是遇到問題就想辦法找到解決辦法，並且還希望能比同業更早一步找到解套方式，就像兩個獵人在山上打獵的寓言故事。甲、乙兩個獵人到山上打獵，碰到一隻熊，兩人嚇得拔腿就跑，乙問甲說：「我們這樣跑有用嗎？我們跑得過熊嗎？」甲卻對乙說：「我只要跑得比你快就好了。」

他的回答雖然很殘酷，但競爭確是如此，只要每次我能贏競業廠商一點，日積月累，就能拉開與他們的距離，創造自己的優勢。用軍事術語來說，就是「敵無我有，敵有我好，敵好我快，敵快我轉」。

例如面對大陸工資大幅上漲，我們導入了自動化，相反的，沒有做的企業，漸漸的就會被淘汰。經過一段時間後，我要回過頭來感謝經營環境的改變，讓我們不斷的驅策自己，提升自我、提高效率，並在劇烈變動的環境下，活了下來。

兩害相權取其輕

保持經常不斷的與市場互動，用快速的腳步接受世界訊息，才知道下一步要做什麼。金融海嘯時雖然業績大幅衰退，市場的自然競爭卻也淘汰許多體質不好的企業，這是達爾文說的「物競天擇，適者生存」。

當有危機出現時，也是考驗經營者最好的時候，平時只要投入對的方向，此時自然就會找到正確的解決方法。不可以人云亦云，遇到大風大浪，要撐穩舵，勇敢的對著風浪，必能穿越過去。

多年來我們積極的導入自動化設備，但對人力的需求仍然存在，二〇一四年農曆春節前，公司缺工七百名，原本預估在元宵節前可補齊，沒想到元宵節（農曆一月十五日）後，只補了約三百多名還不到一半的人力；更慘的是，新進員工每月離職率高達兩成，等於是只補了三成人力。

現在我們的狀況不是沒有訂單，而是因人力不足，面臨貨趕不出來的窘境，當務之急是要解決缺工問題。因此我決定分散風險，赴越南投資。過去我們曾有二度赴越南投資的計劃，卻因某些緣故而放棄，直到二〇一四年才終於拍板決定，並預計在二〇一五年上半年正式投產。

第一次契機源於一九九四年，有國外客戶來台拜訪時偶爾提及，建議我們也可在第三地設廠備援。隔年我趁著在越南舉辦的電子展，順便考察市場。

越南的特色是當地員工的薪資比大陸低，但有語言及風俗習慣等問題，再加上資訊閉塞、交通不便捷，基礎建設不足，只好暫時擱置投資計劃。

二〇〇八年受到大陸勞動力短缺及薪資上漲影響，鴻海、仁寶、廣達等企業紛紛前進越南，尋找適合生產的基地，這些大廠在北越設廠後，赴越南投資的機會再度浮現。但後來這些廠有部分轉向中國內陸或是重慶、武漢等地，很多企業將工廠由沿海轉往內陸，於是投資越南計劃又中斷。

二〇一三年，朋友邀請我到越南，看到現在的越南和往昔已大不相同，硬體建設做得更好，環境也不錯，加上經濟多年低迷，失業人口居高不下，當地人想要找到一份好的工作並不容易。

以二〇一四年春節為例，當年離職率僅為三%（在中國高達三至四成）。另外，我們的客戶韓國三星（Samsung）已在越南投資，他們一年的手機產量約一億支，若能就近服務，就能提高我們供貨的優勢。

二〇一四年二月，我請同事分批赴越南考察，收集當地的市場情況，並在開會中向大家說明看到的狀況及感受，同事們都認為越南值得投資。因當地租金成本高，租五年廠房的租金，等於買地蓋廠的費用，因此這是第一次在投資新廠前就決定買廠房。

我們找到一間在北越買地、蓋廠的台資工廠，因受到景氣低迷影響，工廠只蓋了一半就急著想脫手。儘管越南有排華問題，但中國大陸的缺工問題更嚴重，要趕快找到解決之道。三十年的經營路，我認為一家企業是否能長久的走下去，是在面臨向左走、向右走的分岔點時，能否做出正確的抉擇。

我的做事觀念緣於父親，以前他總是對我說，做事情不要先想贏，要先想輸。若到越南投資都不怕輸了，那去試看看也無妨。這個世界上沒有百分百的完美，所有事情都有不完美的那一面，在做之前只要將正、負理由比較看看，若正面居多，就去做，好好的做。這也就是「兩害相權取其輕，兩利相權取其重」。

現在的公司是五至十年前決策的延伸，未來五至十年後的公司，則是現在決定的演進。創業三十年來，看了諸多公司，甚至觀察有些產業，深知成功也許是偶然，但失敗卻往往來自重覆的錯誤。經營者的剛愎、隱匿、傲慢都會導致經營失敗，努力不一定馬上有收穫，但千萬不能放棄，要耐心等待結果。總之，面對逆境時，「與其抱怨，不如改變」。

一日不動，一日不食

身體並不會老，
會老的是我們的心態及思想。
應當「活到老，運動到老」。

我很喜歡一則佛教的禪宗小故事，坦山和尚帶著徒弟在大雨中行走。走到岸邊卻發現橋被大水沖走了。岸邊站著一位穿著美麗衣裳的姑娘，正愁無法過河。

「我揹妳過去吧。」坦山和尚自告奮勇。

「謝謝師父！」

他們平安過河後，一路上小和尚欲言又止，事隔多日，終於忍不住問了：「師父，我們出家人不是不可以親近女色嗎？那天你為什麼要揹那位姑娘過河呢？」

「啊，你還在想那件事啊！我都已經把那位姑娘放下了，難道你的心中還揹著她嗎？我只是幫助她，並沒有任何意思，倒是你，快把那位姑娘放下吧！」

「空中飛人」竟有恐慌症

提得起卻放不下，這是世人的通病，我也不例外。為了衝刺業績，創業後過著經常飛行的生活，每個月都會出國。年輕時自恃體力好，將一天當成兩天用，加上沒有好好舒緩情緒，竟然在不知不覺中罹患了「恐慌症」，而且長達十多年。

起初我只知道自己有點不對勁，但尋醫問診都無效，後來開始學旋轉氣功，接觸到「賽斯」後才知道，這完全是心理上的疾病，了解病症後就能對症下藥，後來也就不藥而癒了。

從此我養成每日運動的好習慣，透過運動及研習「賽斯」，漸漸明白生命的道理，也能坦然面對發生在自己身上的事情。

我的夢想是將產品賣到全世界，這個初衷很浪漫，實踐的過程卻一點也不浪漫，還有無數關卡要過。

為了實現夢想，每個月都會出國一至二趟，包括到世界各國參展、洽談生意、拜訪客戶。

因為在心底對飛行有著莫名的恐懼和不安，尤其遇到亂流時，總覺得生命似乎要在那一刻結束，但是遇到時也只能逼自己要鎮定。可是身體是很誠實的，你心裡有了害怕，縱然騙得了外人，卻騙不了身體。

亂流之下的後遺症

一九八七年的歐洲之旅，我遇到一次驚嚇破表的飛行，那一趟是從義大利搭飛機前往法國的尼斯。抵達機場後才發現，我要搭乘的是只能坐大約三十至四十人的小飛機。

這麼小的飛機，卻要帶我們飛越數千公尺的阿爾卑斯山，我一看心裡就非常擔憂。

但都已經來到機場，也訂好機票了，若不搭這一班就趕不上火車，後續還有行程要走，只能忍耐，硬著頭皮上機。果然在飛行中遇到強力亂流，心裡的害怕簡直難以形容。

飛行途中，我坐在繫好安全帶的座椅上，突然發現站在一旁的男性空服員不見了，眼睛一瞄，他在天花板頂上；一下子看到他又跌坐到地上，才知道飛機正通過了亂流，剛才瞬間降了幾百公尺。

但那位男性空服員似乎習以為常，完全鎮靜以對，一落地屁股拍拍又開始服務，好像什麼事也沒發生。

一下子驚魂甫定的我，把那幅畫面殘留在腦海裡，使我餘悸猶存多年，自己也沒發現，可能那就是我後來得到恐慌症的遠因。

為了工作需要，不斷飛行的生活又持續了幾年，一九九五年在前往巴西參展的飛機上崩潰了。

恐慌症發作

那一趟是參加貿協的參展會，一行二十多人前往巴西。坐上飛機後，一如以往我打開隨身行李，拿出書籍準備做功課。

沒多久，忽然覺得胸悶，想喊又喊不出聲，只感覺吸不到氣，頭皮發麻，好像快要死了。

我趕快呼叫空姐，她緊張地到我身邊，但能做的也只有不斷的安撫我。

當時很想起身動一動，卻又覺得歇斯底里快要爆發。

其實在一九八九年到北京時，我就曾出現過一次類似的狀況，在飛機上也是呼吸困難，坐不住，想站起來，但飛機正要下降，必須繫上安全帶，只好硬著頭皮坐下。

抵達香港當時的啟德機場轉機時，我一下飛機立刻去醫務室看醫生，他檢查我的身體後說：「你很好，身體沒有問題，可能是太累，休息一下就好。」他開了一些鎮定劑給我，吃完後就感到整個人好累，快癱了，稍微睡一下就復原。

首次發病時我三十四歲，因為自認身體還不錯，事後也沒太在意，回台後也就沒去看醫生。

沒想到這一趟到巴西，要從香港轉機到新加坡，再轉機到南非前往巴西，全程約三十四小時，我無法再承受如此長途的飛行，剛到香港落地後就取消行程，另訂一張機票飛回台北。

在香港機場打了通電話回公司後，再向家人說明身體狀況，所有知道的人都擔心極了。因此一下飛機，我就直奔新光醫院檢查。

做完心電圖、照了超音波等檢查，醫生仔細看完所有數據後說：「你的指數都很正常，應該是心理因素，不是生理狀態。可能因為精神太累了，誤以為是身體的原因。」

後來回想，創業這十多年來，一直都處在非常勞累的狀況。公司剛起步，仗著自己還年輕，可以拚搏，甚至一天當成兩天用，就像蠟燭兩頭燒，出差前一天還忙到凌晨一點才睡覺，隔天早上七點多已經上飛機了。這樣經年累月，身體已經在向我抗議。

因此對身體來說，我就是一個暴君，不停地橫征暴斂，直到有一天身體終於受不了，便向我提出抗議，於是開始生病了。生病，其實是「官逼民反」，也就是「種惡因，得惡果」，實在是身心受不了，生存不下去。

「愛的陪伴」很有用

自從巴西那次「猶如世界末日到來」、「瀕臨死亡」的恐怖經歷後，對搭飛機就產生了莫名的恐慌。只要一想到幾天後要搭飛機出國，我就開始緊張起來。

但飛行已經是我工作的一部分，無法不出國，只好去找醫生，他開「百憂解」（鎮定劑）給我，要我每一次搭飛機前吃一顆，舒緩緊張的神經。但只要吃完藥就會全身乏力地昏睡，因此我只敢吃半顆。

後來症狀越來越嚴重，甚至到了「預期性焦慮」，不必等到搭機前，每次出國的前一個晚上，就會擔憂到睡不好。到機場櫃台辦完登機手續，甚至行李託運時還會有一股想要把它拿下來的衝動；一踏入機艙，看到機門要關了，還會想要衝出去。

因為常搭乘長榮航空的飛機，有些空姐都認識我了，也知道我的狀況。她們的服務很周到，往往我一上飛機，就會來問候：「林先生，今天還好嗎？」聊天可以分散注意力，讓我不會出現那些症狀，但不知情的人還以為我喜歡與空姐搭訕。

恐慌症有高峰期，大約一、二十分鐘過了後，通常就會恢復正常。它的症狀是呼吸急促、心跳加快、手抖冒汗、胸悶，以及大口呼吸卻吸不到空氣，就像是快要死掉的感覺。

這種身體不舒服到瀕死狀況，沒人會想再經歷一次，但我卻有十多年的時間，都過著這種只要搭飛機就害怕恐慌症發作的日子。

後來只要是長途飛行，我都找太太陪伴，當飛機起飛、降落時，會緊緊握住她的手，這一招「愛的陪伴」非常有用。也因為這樣，這十多年來她也陪我去過二十幾國出差、旅遊。若是到鄰近國家，登機前一定會打電話給太太，下飛機後再向她報平安。

大多數的病是心病

二〇〇三年我第一次接觸到「賽斯」，才發現原來自己會害怕搭飛機。其實是得到了「恐慌症」，它不是身體上的病，而是心理上的病，簡單的說就是「自己嚇自己」，只要能夠找到害怕的來源，就能解決問題。

於是我問自己，到底在害怕什麼？後來歸納出三個可能原因，一是當時公司還在起步，已經小有成就，每個月都要搭機東奔西跑，又曾遇到飛機無預警就垂直下降的亂流，害怕自己一走，過去的努力付之東流。

二是小孩還小，飛機若是掉下來，他們以後沒有爸爸，太太、家人該怎麼辦？

三是多年來一直在拚事業，日夜操勞，沒有運動，對身體的壓榨已經處於一個臨界點，它在向我提出抗議了。

人生的煩惱之源不外乎：放不下、想不開、看不透、忘不了。所有病大多是負面情緒累積的心病，「因」消除了，「果」自然就不見了，所以能達到「不藥而癒」。

知道問題的根源，就能找到解決的對策，我的病是因為擔心事業和家人，我把該交代的事做清楚的交代，例如讓公司更制度化，將存摺等擺在某個地方，若有狀況，家人也知道該怎麼做。同時我也去了解飛行的安全性，知道飛機是全世界最安全的交通工具，飛行時只有起飛後及降落前的那九分鐘最需要注意，在高空中反而很安全。

了解「因果關係」後，就能慢慢強化自己的心理建設，並坦然面對自己內心的恐懼，再加上每日定時定量的運動，從此搭飛機時，再也不用吃藥。吃藥只能壓抑自己的病症，它是治「果」，不治「因」。就像大禹治水，要懂得疏導，不是用吃藥等方式去圍堵它。

後來我才了解，心病還須心藥醫，「賽斯」對健康的三大定律就是：

一、身體本來就是健康的。

二、假如身體不健康，只要人們不去干擾，身體的自我療癒能力會發動，去治療身體而恢復健康。

三、生病不去探究內心的糾葛，而只是委由外在醫療的介入，往往只是事倍功半的效果。

透過「賽斯」，我了解恐慌症是「自己嚇自己」，了解自己的病因、去解決內心的恐懼，就能解除恐慌。

公司的經營首重管理，自己的健康都管理不好，公司怎麼可能管理得好呢？就算管理得好，又有什麼意義呢？

在了解恐慌症的根源後，我也透過持之以恆的運動、釋放心中的壓力。直到二〇一〇年之前，還在練旋轉氣功，但它需要場地，出差時必須找下榻房間內有大理石或光滑石地板的飯店，但許多飯店的房間全鋪滿地毯，找不到可以適當練功的地方。

因為場地有些不便，前幾年我改學「甩手功」。因為「甩手功」不受天候、地形的侷限，只要有一點五平方公尺的空間即可運動。

初中時因身體不好，曾學過蹲馬步。決定練甩手功時，研究過各家學派，最後決定以蹲馬步的方式甩手。

甩手功源自《少林易筋經》，讓氣血透過「十指連心」的原理，貫通經脈，鬆開筋骨，可以輕易傳到末梢神經，五臟六腑，甚至到大腸，達到排毒健身的功效。

練功時先把頭放平正，眼向前望，身體站直。將手舉到眉高，雙腳與肩同寬，有點內八字，膝蓋中間約能頂一個拳頭寬。腳趾用力抓緊地面，使下半身固定不動。

舉起來時用三分力，甩下來時七分力；甩上來時額頭跟著頭抬起來，看著前方，我在客廳窗前，抬頭望著遼闊的遠山，甩下時看著雙腳，現代人每天盯著電腦螢幕或滑手機，這樣可以調整眼睛的焦距，紓解眼睛疲勞，讓眼力更好。

做的時候最好空腹，飯後、睡前或子午時都不宜。一開始次數不必太多，照體力所能負荷逐日增加，但到了二千次時就應停止。甩的時候自己要暗數次數，因為數數能讓自己心無雜念。

甩手時必須舌頂上顎，也就是舌頭捲曲抵住口腔後緣的門牙後方，這叫「搭鵲橋」。因為任脈和督脈是從口中斷開，這麼做能讓任脈主血下行，督脈主氣上升，氣血就會通暢，也就是武俠小說裡描述的「打通任督二脈」。另外一定提肛（即肛門收縮術），就像忍住便意，這叫意守，用意守著肛門不使下墮，就能加強中氣。

收功時還是必須蹲馬步，吸氣時雙手往上慢慢提升到眼睛的高度，眼睛一直朝上，同時肛門也須往上提，心中暗數到十，這時開始吐氣，雙手往下，心中再暗數到十，肛門也慢慢放鬆。這樣算一次收功，我每天甩手二千下，收功就二十次。提肛對強化攝護腺與預防肛門疾病都很有功效。

最方便的每日運動

中醫說：「腳是人的第二個心臟，它越有力，身體越好，蹲馬步可以練腿力，身體就越練越健康。」剛開始練習時，尤其是蹲馬步，因很久沒蹲了，雙腳還會發抖，原本只能蹲五分鐘，持續練就能加長時間到十分鐘、十五分鐘，到現在能蹲甩五十分鐘。

藥補不如食補，食補不如功補。現在我早上起床先喝五百毫升溫蜂蜜水，踏在表面深鋸齒狀木屐上，花五十分鐘甩手二千下，讓全身流汗。即使在冬天甩手，還是會流汗，夏天更是汗流浹背。流完汗後再去沖澡，吃完早餐後，準備出門工作。

在運動這件事上，沒有奇蹟，只有累積。為讓自己每天規律運動，我要求自己一年三百六十五天運動，就像是吃飯、喝水般的重要，工作有假日，運動沒有假日。所以只要看到我在吃飯，就知道今天已經做完功課。

自從每天甩手運動後，身體健康狀況大幅改善。公司每年健康檢查，我都沒有三高的毛病。而且神清氣爽，一天可以做事都不覺得累，也很有效率。

每天甩手的五十分鐘，是和自己獨處最好的時刻，常有「靈光乍現」的靈感，解決了日常生活、工作裡的一些惱人問題，這是我甩手運動意料之外的收穫。

久病成良醫，我在無意間接觸了賽斯後，領悟「大多數的病是心病」，我用兩種常見的糖尿病與高血壓來說明。

會得到糖尿病的人，常在生活裡找不到讓自己快樂起來的理由。他們生活是趨於日復一日的平淡，今天、明天、後天、大後天都是永無止境的規律和平淡。

因為生活過於規律，沒有太大的起伏，他們失去了對生命的期待和感動。一個人對事情的熱忱會燃燒體內的血糖，將血糖數值維持在正常的範圍內。有些人對生命沒有熱忱，體內的血糖自然無法燃燒，指數就會偏高，最好的解決方法就是讓他快樂起來，並且不要停止快樂，點燃對生活及生命的熱情。

罹患高血壓的人有幾個問題，一是掌控欲望很強；二是個性很急；三是要做什麼事情都要立刻就要做好，不然就一直掛在心上。他們的個性如此，然而世間情事總難都如你所願，不如敞開心胸來面對，不要對自己有那麼嚴苛的要求。

面對事情時，可以用另一種想法和內在的自己溝通，例如「這個美好的仗我已經打過了，至少努力了。」「如果是別人的錯，就不要用來懲罰自己。」

盡全力，致完美，空得失

面對人生的態度應該是：「盡全力，致完美，空得失。」這樣不但會讓自己好過一點，血壓也會降下來。

既然大多數的病都是心病，那麼要讓病痛消失的最好方法，就是找到生病的原因，同時去接納、面對，自然能緩解病況而自癒。

有人說：人類有兩個青春期，一個是在十幾歲的成長階段，另一個則是七十歲後。人生七十才開始，有人這時還會長出智齒或黑髮。把七十歲說成是「第二青春期」，這是很有道理的。

身體的機能沒有年齡限制，許多人認為「人老了，就會生病」，這樣的想法是不對的。

身體有免疫力及自我療癒的能力，細胞也有增生的能力，身體並不會老，會老的是我們的心態及思想。我們應當「活到老，學到老；活到老，運動到老」。

我的運動原則就是「一日不動，一日不食」，讓我們快快樂樂、健健康康地活到九十九歲。

開關一17

不是一時衝動，而是一直行動

多少人上山，
就一定是多少人下山，
「一個也不能少」。

中學時國文課本裡有一篇〈為學一首示子侄〉，我讀過之後印象很深。作者彭端淑生長在清朝乾隆年間一個大家族，同族子侄很多，僅其祖父直系就多達六十九人，但卻連一個舉人也沒有，作者非常憂心，才寫出那篇文章。

他說天下的事情有困難和容易的區別嗎？只要做，那麼困難的事情也容易了；如果不做，那麼容易的事情也困難了。他舉的例子就是：

四川鄉間有兩個和尚，一個貧窮，一個富有。窮和尚對富和尚說：「我想去南海朝聖，你看怎麼樣？」

富和尚說：「你靠什麼去呢？」

窮和尚說：「一個水瓶與一個飯鉢就夠了。」

富和尚說：「我這幾年想僱船而下，都還沒法成行，你靠什麼去呢？」

到了第二年，窮和尚從南海回來了，見到富和尚時，富和尚面有愧色。

四川距離南海幾千里路，富和尚不能去，窮和尚卻到了，讓我有很深的感觸。天下事沒有難易之分，關鍵就在做與不做。

修合無人見，存心有天知

領導者就如唐太宗所說，必須要有三面鏡子。「以銅為鏡，可以正衣冠；以古為鏡，可以知興替；以人為鏡，可以明得失。」我很喜歡歷史，對於中日兩國的歷史小說或歷史劇，也都耳熟能詳。無論是貞觀之治、康熙、雍正、乾隆王朝或德川家康、豐臣秀吉、織田信長等人的領導統御都有些心得，讓我受益良多。

公司必須是個有紀律的場所，但最容易觸犯紀律的也往往就是領導者。建立制度就已不易，要維持制度更需要決心。剛創業不久，我就在廠內推動清掃工作。一開始主管及同事都很不能理解，為什麼要自己動手掃？不能請歐巴桑（清潔婦）來掃地嗎？

為了說服大家彎腰清掃，我以身作則，每天都比同事更早來上班，而且負責掃地的區域在工廠外及門口，因為一方面可以和來上班的同事打招呼，向他們說聲：「早啊！你好啊！」有即時良好的互動，順便觀察他們上班時的臉色，是哭喪著臉，還是笑臉？

另一方面，同事看到老闆在掃地，心裡上也會覺得不好意思，會有「連老闆都在掃，我也要掃」的連鎖效應。另外，左鄰右舍看到這家工廠，老闆自己掃地，不自覺中會更認同這家公司。後來，鄰近廠也跟著我們一起掃。其後因工作忙碌，才將我的清掃區域交給主管。

同事每天來上班時要做的第一件事，就是將每一個小組、每一個人被分配到的清掃區域打掃乾淨。公司每天定期會有一個評比小組到每個單位評分，掃得最不好的單位主管，在月會時要領黑旗，並且上台說明，為什麼這個月的表現比較差，他要如何改善狀況。清掃工作做得好的可以領錦旗，並依表現成績，選出冠軍、亞軍、季軍，前三名都有獎金可領，並由各單位主管決定如何運用獎金。

自己清掃還有一個好處，可以讓大家在工作中，多注意環境的清潔，隨手保持四周環境乾淨。因為開關只要沾上一個很小的廢屑，如衣服的毛屑等，就容易不導通，失去功能，產品的不良率會影響客戶對我們的信賴感，對營運也會有很大的影響。因此，我要求工廠一定要很乾淨。

推動清掃的過程其實很不容易，有一些很優秀的同仁，因為不願意打掃而離職。在珠海設廠時，有一位大學畢業生來應徵，他聽說進公司後要掃地就說：「我好不容易念到大學畢業，進公司不是來掃地的。」說完就轉身走了。這種狀況出現好幾次，主管惋惜失去了好多人才，但我不會因此改變政策，因為若是連清掃這麼簡單的事都不做，那麼大事也不可能做得好。

在珠海設廠時，剛開始我也親自帶領員工掃地，掃完後我檢查了三次才過關，第一次是看到地上有透明膠帶黏在地上，必須要弄掉；第二次是看到花盆上有垃圾沒撿；第三次是葉子上有灰塵，要拿抹布一片片的擦乾淨。

這個過程是要大家了解，清掃不是表面上裝裝樣子，好像有掃就好了，必須要真正徹底的落實清掃這件事，且仔細到連花盆的葉子都不能沾染上灰塵。這些都是很小的細節，卻更要注意。

和我們合作的廠商以日本及德國為主，他們都很細心。例如日本人來參訪，他們會看幾個地方，包括廁所是不是很乾淨，如果連廁所都很乾淨，其它地方也不會太差。

另外像是生產線的工作氣氛、是不是很努力、有熱忱；同仁的應對進退；

工廠東西擺放的位置是否正確，代表這間工廠的管理有無到位。若東西都放在應放的地方，代表管理得好，產品的品質也不會太差。在工廠內還有一個不成文的規定，就是產品不能直接放在地上，必須要放在棧板上，它代表著對產品的重視，要用尊敬的態度來看待。

因為重視細節，包括清潔、禮貌、整齊、整潔，讓我爭取到不少合作機會和訂單。所以，我常邀請新客戶來工廠參觀，無論是五股廠、珠海廠或其他的工廠，只要他們來拜訪後，都會對於我們的管理模式留下深刻印象，一九九六年日本上市公司歐姆龍，主動提出要和我們合作就是最好的例子。

對於公司生產的每一個產品，我也都以北京同仁堂門聯「修合無人見，存心有天知」來期勉大家。同仁堂是一家創建於一六六九年（康熙八年）的中藥鋪，「修」是指中藥製作過程中對未加工藥材的炮製，「合」是指中藥配製過程中的取捨、搭配、組合、加工。意即中藥的製作過程雖是保密的，但存心卻是天知地知、人神共鑒的；工作時「修合」的過程必須憑良心而為，做到貨真價實，而我期許圓達生產的每一個產品也是如此。

驚濤駭浪中掌舵

二〇〇八年，全球發生嚴重的金融海嘯，不少企業因為財務槓桿，面臨被銀行抽銀根的困境，只好以減薪、裁員等來因應。當時雖然公司一度訂單少了一半，我決定利用這個機會，讓員工休養生息，因此做出幾項決定。

第一就是向員工信心喊話，公司不裁員、不減薪，也不放無薪假。

第二就是利用那段時間開會，做內部改善活動，從源頭管理推動做起，透過這波的市場淘汰賽，為未來儲備足夠的實力。

第三是辦標語競賽，那一年得獎的標語是：「管理之道貴在實踐，落實之道重在執行」、「落實向下管理執行，養成向上回報習慣」、「管理是燈，落實是塔，想要點燈，必須加油」。這些得獎者除了有獎狀、獎金外，標語則由管理部印成海報，海報上也會印上得獎同仁的名字、相片、服務單位等，再發給各廠公開張貼。

第四是辦激勵營、徵文比賽等活動，凝聚內部共識，要同仁不要受外在的環境而影響情緒。在桃園縣復興鄉角板山的激勵營中，有些讓大家印象深刻的活動，例如有一堵六公尺高的牆，一組十多人沒有任何工具，只好踩著別人的肩或背，推拉扛抬讓全組的人過關。另外還有一支八公尺高的柱子，

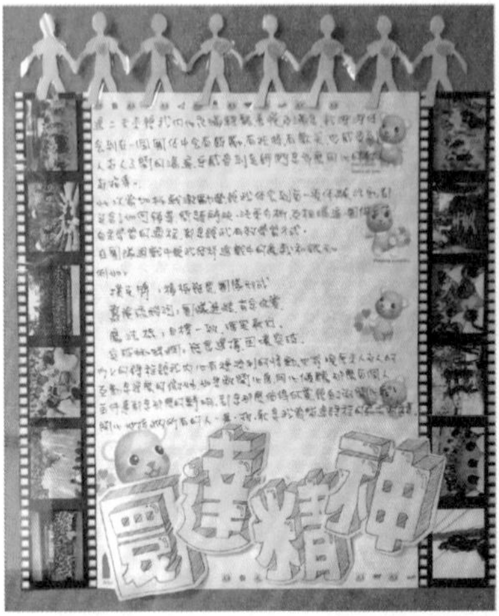

2008年全球金融海嘯，我向員工信心喊話，公司不裁員也不減薪，並辦了徵文比賽等活動，凝聚內部共識，激發個人潛能與增進團隊合作，隔年果然渡過難關。

在激勵營中有堵六公尺高的牆，一組十多人沒有任何工具，只好踩著別人的肩或背，推拉扛抬讓全組的人過關。另有一支八公尺高的柱子，前面有個大球，每個人爬上去站在柱頂，高喊自己的願望，然後縱身一跳去拍那個球。

前面有個大球，每個人爬上去站在柱頂，高喊自己的願望，然後縱身一跳去拍那個球。這些活動都是為了激發個人潛能，增進團隊合作。

隔年市場慢慢恢復生息，讓我更堅信，驚濤駭浪中只要把穩舵，熬過風雨後，就能爆發更強的能量。

大數據法則

現在全球都已進入大數據時代，對公司領導人而言，數據已成為公司的重要資產，與生財器具及人力資源一樣重要。數據的收集、分析和應用，因此也就成了領導統御的基本能力。未來有價值的公司，一定也都要靠著數據來驅動。

二〇一四年的世界盃足球賽，冠軍德國隊運用科技而執行的「大數據法則」，就是最經典的範例。德國隊並沒有超級明星球員，但教練善用大數據法則，透過攝影機和感應器，迅速捕捉球員跑動的速度、位置、控球時間等資料，回傳資料庫在後台綜合分析處理。教練就透過智慧型設備即時查看資料，了解場上球員的表現，隨時調整戰術。

平時我就有廣泛閱讀的習慣，讀到德國隊獲勝的祕訣後，我們也開始推動學習使用大數據法則，在公司裡可以用在：一、取得資料，二、製程管理，三、資料歸納分析，四、預防管理。

我們現在的月產能約一億個，如果零點五%的不良率就代表每個月有五十萬個不良品要報廢，若是能將不良率降到零點二五%，就能減少二十五萬個不良品，能對公司營運有多大的助益啊！

玉山，我們來了！

我很慶幸在大學時，曾有救國團阿里山健行隊與東海岸健行隊當領隊的經驗，讓我領悟了團隊合作的重要性。畢業後由於車禍斷腿，有一段時間行動不便，爬山也都少了，更何況要帶隊爬山。二〇一五年是圓達三十周年慶，為了慶祝，我想了很多點子，但最後我的決定是：我們要去登玉山。

玉山為台灣第一高山，主峰高達海拔三千九百五十二公尺，對於公司裡長期案牘勞形的主管來說，這個行程真的有點像是打電玩裡的「越級打怪」。但我相信孔子說的「凡事豫則立，不豫則廢」，既然決定了要登玉山，我們就要提前準備。

攀爬玉山需要事先登記，因此在確定獲准入山前，我們先安排了三次練

攀登玉山一路上既窄又崎嶇，有時窄到只容一個人往前，人人都只能靠著頭頂上微弱的燈光，緊跟著前面的人。坡度有的高達六十度，有一段風很大，還可能有落石，還有一小段有積雪，真是困難重重。

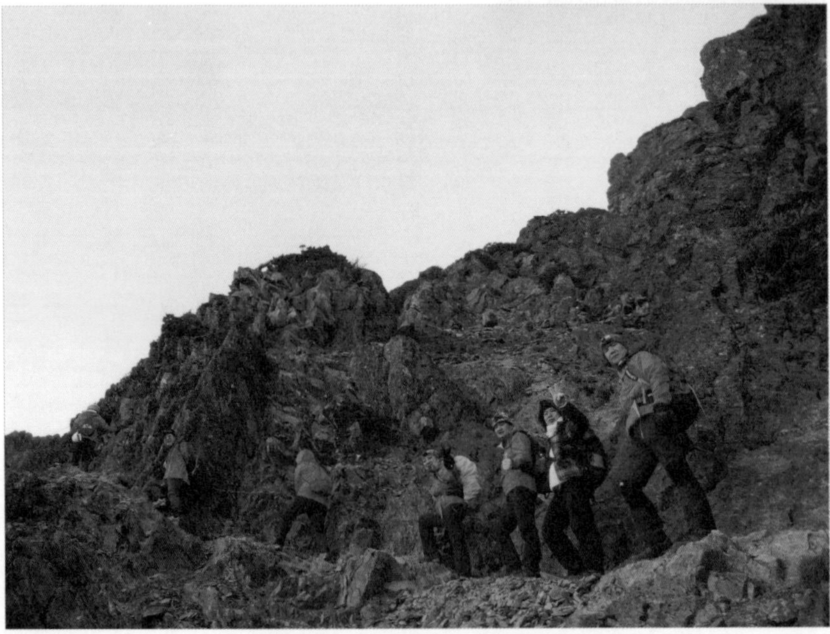

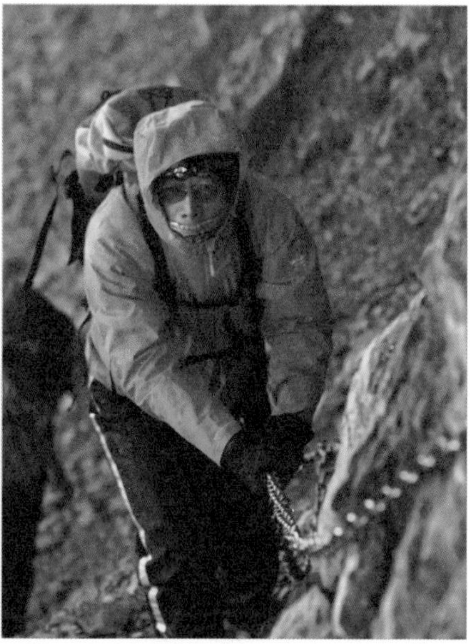

經歷三小時的體力，耐力加上意志力的考驗，終於在早晨6點45分登上玉山主峰，接著同仁們陸續抵達，直到7時20分，31位成員全數到齊，團隊任務達成。下山時天已亮了，才驚覺此行之危險。

習行程，分別是七星山、松蘿湖與打鐵寮。七星山與打鐵寮都還算是基礎課程，只比健行踏青辛苦一點；但松蘿湖那次對我們來說就有些驚險了。

位於崇山峻嶺中的松蘿湖，雖然歸屬於新北市烏來區，但登山都是從宜蘭大同鄉松蘿村的登山口進入。而宜蘭多雨，湖面常被薄紗般的雲霧籠罩，讓人無法一窺全貌，就像少女的嬌羞美麗，所以又被稱為「十七歲之湖」。

我們當天早上七點由登山口啟程，由於山徑的坡度較陡，原本預計四小時後可以到達松蘿湖用中餐，不料最後一批人員抵達時已經下午一點了。我看情況不妙，雖然風景美到不行，但我還是不得不宣布，大家趕緊填飽肚子，一點半就要下山。

上山時已知道路況不好，擔心下山時若用同樣的步調，只怕大家都要困在山中過夜了，於是我趕緊重新分隊，將年輕與體力較好的同事，安排在最後一隊，我自己則在先發那一隊。雖然我的年紀在公司裡已算是最年長了，但卻一馬當先，除了每日有甩手運動的習慣，體能還不錯，更重要的是我懂得善用「休息步」。

「休息步」就是在跨出下一步之前，先把現在支撐重量的那隻腳打直，這麼做的目的是要將身體的重量交給整隻腳的腳骨，讓大、小腿（尤其是小腿）肌肉能短暫的獲得休息。這樣的休息時間雖微不足道，卻是讓肌肉能持續張弛的關鍵。會用休息步登山的人，就能以逸待勞，比年輕人更具耐力。

兼程急行，我們第一批隊員總算在天黑之前二十分鐘到達入山口，但接下來幾隊就有點麻煩了，都是在五點四十分天黑以後才抵達。最後一組由於有位同仁體力不濟，同組的隊員只好陪著她慢慢走，終於在晚上九點時一起抵達，我們回到台北時已經快午夜十二點多了，幸好有驚無險。

登山是一個團隊活動，也是凝聚公司向心力的必修課程。隔天，我趕緊發了一則簡訊給這位最後抵達的女同事：「在經歷昨天從清晨到摸黑的折騰，妳辛苦了！在想哭、煎熬、體力不濟，甚至想放棄之下，在同仁的鼓舞、伴隨中，憑一己之力，完成了這艱難的『松蘿湖』挑戰。給妳按N個讚！相信這可能會是終生難忘的經驗。妳是可以的！妳是最棒的！好好休息！」

同事在收到簡訊兩天後也回覆我：「謝謝林先生的鼓勵，經過這兩天的休息，身上的疼痛已稍稍緩解，這確是難忘的經驗，雖已無體力，但為不讓大家擔心，也知道只能靠自己，這應該是有面對現實吧！雖然過程很難過，但總是完成了，也感謝同事們的協助及關心，使我感受到這大家庭的溫暖。」

另一方面，我也發簡訊給一路照顧扶持著她下山的男同事：「昨天松蘿湖登山之行，辛苦你了！你的陪伴，鼓舞了她們。在她們體力透支、精神疲憊、摸黑趕路、瀕臨極限之際，終於完成這可能超乎想像的不可能任務。相信這會是她們畢生難忘的經驗與回憶。你辛苦了！感謝你！好好休息！」

同事也回覆我：「林先生，您太客氣了！其實是她們克服了自己的體能限度，我只是較有經驗，自然要照顧新手。大家彼此關心、互相協助的理念如果能運用在工作上，相信是林先生辦登山活動所希望看到的。」

經歷有點驚卻無險的松蘿湖之行，我高喊的是：「玉山，我們來了！」

一個也不能少

松蘿湖之行提醒了我，攀登玉山還有很多事先無法預測的變數，尤其我不只是一個人去登山，而是帶著一群人去登山，多少人上山，就一定是多少人下山，「一個也不能少」。

我調查了一下，成員裡只有兩人曾登上過三千公尺以上的高山，其他全是「滷肉腳」（台語的軟與弱都叫軟，滷肉腳又軟又好吃，亦即很弱）。不要說他們能不能順利攻頂，萬一其中有誰得了「高山症」（人體在高海拔狀態因氧氣濃度降低而出現的急性病理變化）我要怎麼對他的家人交代？

面對這麼艱鉅的挑戰，我想到的就是中學課本裡那個要去南海朝聖的窮和尚，這不是難易的問題，而是做與不做的抉擇。「欲知上山路，須問過來人。」我認真的搜尋資料，一方面將攀登日期定在春暖花開後的三月，另一方面也提醒同仁們，平日加強鍛鍊體能，並留意身體狀況。

三月十六日下午，我們一行三十二人從台北出發，下榻南投縣水里鄉的和社。很慶幸當天的天氣很好，出發前一星期全台陰雨綿綿，下山後第二周雨勢更大，甚至比冬天還冷，上玉山必須事先登記抽籤，若遇到天氣不好而管制入山，即使有入山證也無法通關的。

十七日早上七點三十分，我們三十二人從和社出發，九點半到達海拔二千六百公尺的玉山登山口（塔塔加鞍部）開始登山，有位女同事前三次預訓時都很正常，但當天從一出發就開始吐，上玉山沿路每棵樹、每顆石頭，大概都被她作了記號。嚮導還打趣說：「你這應該不是高山症，下山後你可能要去驗個孕吧！」

下午四點半抵達海拔三千四百公尺的排雲山莊。這裡是給登山客休息的地方，房間是大通鋪，隔音效果也差，因此整晚大家的睡眠品質都不佳。

十八日清晨三時半，我們一行三十二人要出發攻頂前，我再次提醒成員，要評估自己的體能狀態，千萬不要勉強，最後只有一人留在排雲山莊，其餘三十一人按既定行程攻頂。

由於前一晚嚮導介紹說要走的山路，坡度有的高達六十度，有一段風很大，還可能有落石，還有一小段有積雪，山頂氣溫在零度以下，要做好保暖。我越聽越害怕，但事已至此，也就顧不得其他，衝了就是。

山路既窄又崎嶇，有時窄到只容一個人往前，要拉著鐵鍊攀爬而上，人人都只能靠著頭頂上微弱的燈光，緊跟著前面的人。兩個嚮導各自帶著無線電通話機，一個在前，一個在後，我跟著前面的嚮導，沒多久無線電傳來，有位同事出現高山症反應，吸不到空氣，體力不濟，臉色慘白，連眼睛都張不開了，但要往下走也不可能啊！

經過層層體能考驗，我終於在六點四十五分，攻上海拔三九五二公尺的玉山主峰。最晚到的同事，靠著意志力與大夥的鼓舞，也在七點二十分抵達。

登頂成功的那一瞬間，感覺真是筆墨無法形容。我打電話給在國外的兒子，他聽到我們登頂成功的喜訊，就問說：「你下次什麼時候還要再去爬？我也想參加。」我說：「下次？我還在擔心大家要怎麼下去啊！」

上山時因為天還沒亮，而且眼光都是朝上，看不到反而不會怕，但下山時就不一樣了。之前嚮導說的坡度六十度，俯瞰三千公尺的懸崖，如今都在眼前。

下山時雖然大家體力都已耗盡，但體力較佳的男同事，還是會主動幫已體力不濟的女同事揹背包。有三位女同事與一位男同事，平日就常「打嘴鼓」

（台語的鬥嘴聊天），這時邊吵邊走，男同事戲稱是在「公報私仇」，但卻無形中發揮了最大的激勵功能。因為途中不宜休息太久，必須一股作氣，否則汗水變涼後會讓人失溫更快。

幸好一切順利，下午兩點四十五分，我已順利下山，最後一位也在四點鐘抵達，相差一個多鐘頭，比起上次松蘿湖前後差了五個小時，這次我們進步了很多。

晚間我們在和社舉行慶功宴，這時我才向同事們坦承：「去年五月我跟你們說，公司三十周年慶的活動是要去爬玉山時，別說你們嚇一跳，連我太太也是。攀爬之前，我和大家一樣都很擔心，但在大家互相鼓舞下，我們終於攻頂成功，也為我們寫下共同的回憶。」

我也勉勵所有同仁：「每個人的心中都有一座大山，看似永無機會登頂，但只要勇於挑戰，就一定會成功。」就像那四川鄉下的窮和尚，設定目標，堅持貫徹，成功也許會遲到，但絕不會缺席，「人生不是一時衝動，而是一直行動」。

開關—18

愛你在心口能開

每年一次的「愛的抱抱」，在圓達實行已經十五年了。盼望永遠維持這樣的氛圍。

這幾年接受過許多媒體的採訪，當記者問我：「圓達能一路發展至今，最重要的因素是什麼？」我總是這樣回答：「是員工，員工才是企業最重要的資產。」任何企業的成功，都不可能是靠少數人的努力，必須凝聚所有員工的力量而成。因此，靠著忠實盡責的員工，公司才能不斷發展。

圓達三十年前創業時，只有我與表弟洪瑞裕。三十年後，圓達已是數千人的公司。瑞裕有工程背景，重視邏輯，行事穩健，與我恰好是互補的個性，但一開始我們兩人都還年輕氣盛，也有意見相左的時候。

然而就在不斷磨合的過程裡，我們互相看到對方的優點，就用這樣的合作模式，讓公司不斷開枝散葉，蓬勃發展下去。前些時候瑞裕在我生日時，發給我一則簡訊，上面寫的：，

「圜達夥伴三十載，血脈親情六十年。人生行腳至此，右腳印著『無缺』，左腳烙著『不悔』。這幸福的感受，總忘不了您的提攜與教導。」

我看了很感動，也特地寫了一首詩回覆：

「本就一家人，源遠六十年。同心來創業，情深勝血緣。
披荊中斬棘，破冰攀險岩。內外分工做，互補績效顯。
意見若相左，終是兩相勉。默契理中建，坦途現眼前。
回首來時路，味酸果甘甜。細數坎坷處，汗淚鬢華顏。
圜達三十立，關關世界行。謙沖齊努力，攜手七十見。」

我與表弟之間是這樣相處，對其他後來陸續加入圜達的夥伴們，也都抱持著這樣的心情。

最好的嫁妝

企業家馬雲說他心目中最完美的工作團隊，就是《西遊記》裡唐僧所帶領的這個團隊。唐僧堅持取經，再大的困難也不氣餒，只知往前走。麾下的孫悟空本領高強，但三天兩頭惹麻煩；豬八戒幹活不勤奮，但卻樂觀幽默，讓身邊的人很快樂；沙僧則是不談理想或夢想，堅持每天工作八小時。最重要的是領導人的方向感及堅持力。

領導者不需要是所有部門、領域的專家，但要對各部門的問題要有相當的了解。不要擔心衝突，因為魔鬼總是隱藏在和諧中。也不要害怕失敗，坦然面對，用心解決就會更好。

沒有決策就是最爛的決策，有擔當的人才會下決策，而且承擔全部的後果。決定就做，做就做好。千萬不要因成功而怠惰，公司年年都要成長，三年不能成長，就會被定格住，如同天塹不容易跨越。

一群虎由羊管，沒多久全變成了羊；相反的一群羊由虎帶，沒多久全變成了虎。領導者其實只需做三件事：一是設定公司方向、策略；二是選對的人、做對的事；三是必要時協調仲裁。

至於管理，也沒有什麼大道理，就是複雜的事簡單做，簡單的事一直做。

做久了，你就會成為專家。但簡單的事，若能夠重覆做，也就不簡單。

例如我們在廠內推動五Ｓ（整理、整頓、清掃、清潔、修身），稍後再加入「安全」，即六Ｓ。除了之前提到的清掃、清潔，整理、整頓也是工廠管理中很重要的一環。

我們規定廠內所有的東西都必須定位，並且井然有序，在地板上都會貼有黃色定位線，規定機器設備的擺放位置；廠內不准亂堆東西；模具及地板上不能有油污，地板要清潔到即使現在躺下去，都能睡的乾淨程度。

在生活規範的部分，同仁見面時要先主動和對方打招呼，禮貌是修身的一部分，同時推動「常樂五訣」，常說：早、你好、請、謝謝、對不起等。

剛開始推行時，員工會覺得說這些話很勉強，有些人會覺得好像不太好意思說出口。我先做表率，看到同事一定先和他打招呼，漸漸的，習慣成自然，自然就成為理所當然。

當同事下班脫下制服後，我不見得會認得出他是誰，但若在廠外見面，會主動和我打招呼的，一定是我的同事。有禮貌，是日常生活的細節，若能隨時隨地做到，就不容易。尤其是你的行為舉止代表著你這個人，以及你身處的環境，受到薰陶的時間久了，自然就會呈現出某種氣質。

這種氣質，其實也是一種安身、安心，只要人的心在一個環境裡安定下來，企業就能蓬勃發展。當我聽到一位大陸員工家長說：「女兒在公司裡學到的六S，是她最好的嫁妝。」我聽了很感動，一切辛苦與委屈也都拋諸腦後了。

二原三現做中學

管理學大師、也是暢銷書作家柯林斯（Jim Collins）在《基業長青》說：「造鐘比報時更重要」，對一個領導人來說，除了堅持專業及虛心待人，有時不妨把成功歸因於好運。必須不急功近利，要把重點放在建立制度、召募人才上，然後全心全力面對殘酷的現實。

圜達是個大家庭，同事之間有情；但我們必須面對殘酷的現實，所以我們也必須是個軍隊，必須紀律嚴謹、賞罰分明，才能在殘酷的競爭中存活，這一部分是法。然而有個更重要的，公司還必須是一個懂得系統思考的學習型組織，也就是要講理。

工廠的運作很規律，它代表是一種習慣，是優點也是缺點。為激勵員工在工作中不斷去思考，我也要求每位同仁在工作崗位中，隨時思考，發現問題，並試著去改善它。

因此我提出了「解決問題思考三原則」：一是反應問題，同時提出建議；二是整合對策，主管擔當負責；三是及時有效，解決問題。在每天的朝會上，同仁吟誦這三項原則，有時還會抽背，目的是讓他們熟稔解決問題的方法，並養成好習慣。

這麼做，其實是用心良苦。每一個人在工作時若能更加用心，進而創造自己的被利用價值，就能獲得成就。公司大門前的對聯，上聯是「二原三現做中學」，下聯是「熱忱當責有成效」，橫批則是「實事求是」。

什麼叫「二原三現」？二原就是原理、原則，工作中的分析、判斷與決策只要抓住這兩個邏輯就可以；三現就是現場、現物、現象。

我常提醒主管，出了問題，坐在辦公室是解決不了的，必須親自到現場，看到了現品，了解現象，依原理原則去歸納分析，才能做出適合的決定。這不只適用於製造單位，其他場合都適用。

至於現物，管理者的任何決策，都是要以事實為基礎，解決問題必須到實際問題中去探討，別以為看到的現象就是事實，除了表面癥狀，還要能深入知道背後發生的真正原因。

「熱忱當責」是希望員工在工作中再積極一點、多做一點事情，提升效率、降低成本。在找答案的過程中，每個人都在學習，這些摸索與學到的東西都是你的。畢竟公司經營企業，是用資金在投資；每個人都把青春投資在公司，若你用摸魚的心態在做事，就是浪費青春，其實你賭得更大，因為公司頂多因為你的不用心而虧錢，但你卻是拿比錢更重要的青春在浪費。

每位同事，都是我長期的夥伴，所以在徵人時，我強調公司要的是「歸人」，而不是來來去去的「過客」，以此來建構經營團隊。

在員工管理上，我強調的是「三感管理」與「三度裁量」。

「三感管理」就是注重大家的「參與感」、「成就感」與「歸屬感」，同事們所說的，只要有四成的可行性，我就儘可能依照同事的建議去做，讓他有實際「參與感」，從而在他事情處理成功後有「成就感」，最後對工作、公司有「歸屬感」成為公司不可或缺的經營團隊的幹才。

「三度裁量」就是任何事要「站在公司的高度」、「站在公司的廣度」與「站在客戶的角度」來裁量，而做出最適當的決策。

另外，我也提出公司的願景是：「塑造學習、挑戰和分享的環境，不斷成長、終身學習，成為全球最佳電子零組件廠之一。」現在只要走在廠內，都能看到標語願景，它能達到讓員工無形中吸收，將觀念內化到日常生活的行為當中，漸漸的去落實它們，是一種非常好的管理方法。

每幾年我們會根據不同的工作目標，在工廠的大門貼上標語當成門聯，員工只要來上班都會看到。在廠內推動多年後，同仁在不知不覺間就會改變自己，符合了我們要的職場氛圍。

家和萬事興

公司每個月都有定期的月會，二〇一四年三月，當會議結束時，我要離開前忽然被同事們叫住了，他們要我等一下，我根本還沒反應過來，就看到推來了一個大蛋糕，上面用鮮奶油寫著：「Dear 圜達大家長林錫埼 60 Happy Birthday」，在驚喜中感動哽咽得說不出話來，眼淚已奪眶而出。

如果說上一次在飛牛牧場辦活動時，同事們在求婚秀之後，臨時「加戲」讓我對太太下跪求婚，圓了她三十年前的小小遺憾，那是沒有劇本的即興演出。這次月會後為我加碼推出的慶生會，就是同事們精心策劃已久的，每個人都寫上一句祝福的話，讓我更加感動。

家和萬事興，我沒興趣去誇耀公司的規模或業績，但我卻樂於跟別人分享我怎麼費心讓公司成為一個家的努力。

這些年來，我與同事們一起去參與淨灘活動，拜訪唐寶寶之家，或是公司包場來欣賞電影《看見台灣》《KANO》；每月舉辦圜達講座，邀請專家、

2014年3月。公司月會結束時，我要離開前忽然被同事們叫住了(上圖)，他們要我等一下，我根本還沒反應過來，就看到推來了一個大蛋糕，上面用鮮奶油寫著：「Dear圓達大家長林錫埼60 Happy Birthday」(中圖左)，在驚喜中我的眼淚已奪眶而出(中圖右)，經歷了一場很特別的慶生會(下圖)。

為了促進團隊和諧與愛鄉愛土，圜達員工參與淨灘活動(下圖)，期望能讓這片土地更祥和美麗。而每個月舉行的圜達講座，曾邀台灣中油董事長林聖忠先生(上左圖)，三花棉業創辦人施純鎰先生(上右圖)等社會賢達來公司專題演講。

學者和社會賢達來演講，都是為了要讓同事們也能跟我一起學習，我們要讓周遭的環境變得更好。

「愛的抱抱」十五年

三十歲以前，我的身體很不好，跟父親學了半年的形意拳。一九八〇年後，曾到圓山飯店附近學習楊派太極拳，前後約五年時間。創業後因為忙碌和頻繁的出國，我停止了運動，但發覺這樣下去實在不行。一九九六年八月底，在好友的介紹下看到旋轉氣功的招生廣告，便報名參加，一周五天，每天晚上到台北市北投國中練功。

旋轉氣功（就是定點轉圓圈）不是耳熟能詳的運動，但它的原理很簡單，只要是會走路的人，就能學會旋轉。它的運動方式是站在原地不停的旋轉三十分鐘到一個小時。透過旋轉，放鬆全身，讓身體流汗、排毒、加速新陳代謝，緩解壓力。

在原地旋轉需要學習，尤其剛開始轉，每個人都會擔心自己不知道會轉到哪裡去，還會害怕跌倒。透過學員間的互助合作，例如五個人手牽手圍成一圈，一個人站在中間轉，因為有人牆護持著，在中間旋轉的那個人心理上便能夠安心很多，放心地去旋轉練功。

旋轉沒有什麼大道理，就是放鬆身心，瞇著眼睛，讓身體跟著心靈，自由自在的旋轉、擺動。旋轉時每個人擺動的方式不同，有人會手舞足蹈，不管手怎麼動都沒有關係，它強調讓自己用最放鬆的方式運動。

我覺得這項運動實在很好，學完後替太太、父親、姐姐、姐夫等家人報名，總共帶了八個人去學，當時每人的學費就高達一萬八千元，在學員間造成不小的轟動。二〇〇三年也曾邀老師到五股廠及珠海廠教同仁練旋轉氣功。

在學習旋轉氣功時，我有機會擁抱一向嚴肅的父親，這是我從小連想都不曾想過的事。在擁抱父親時我才發現，東方人由於個性拘謹，連親子間都是「愛你在心口難開」，但是藉著擁抱，就斷開了我們父子間那道隱形的高牆，也讓我體會到了「愛的抱抱」真是熱力無窮。

為了能勇於表達愛，我每天都與媽媽、太太、女兒、兒子抱抱。連女婿來家裡提親，我也告訴他：「今後我們就是一家人，每次見面都要接受我愛的抱抱。」

不但是在家裡，從二〇〇一年起，每逢春節前要放長假的最後一個上班日，所有同仁離開公司前，我與一級主管就會站在大門前，擁抱每一個要回家過年的同仁。當然，基於男女有別，我對女同事的擁抱，都是自己站著

每年一次的「愛的抱抱」，在圜達實行已經十五年了。每逢春節前，所有同仁離開公司前，我與一級主管就會站在大門前，擁抱每一個要回家過年的同仁。大家笑成一團，過去這一年來，即使在工作中有些小疙瘩，也都這樣相逢一「抱」泯恩仇了。

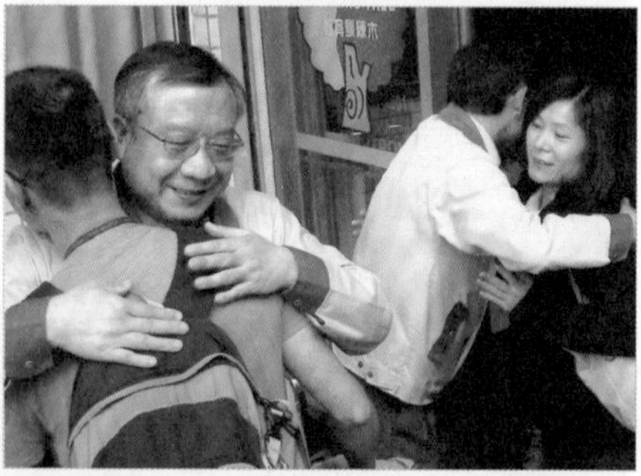

不動，不會碰觸到敏感部位；但也有些較熱情的女同事，一衝上來就是「熊抱」，大家笑成一團，過去這一年來，即使在工作中有些小疙瘩，也都這樣相逢一「抱」泯恩仇了。

每年一次的「愛的抱抱」，在圜達實行已經十五年了。每個做父母的，最希望看到的就是兒女們能和睦相處；我希望在圜達這個大家庭裡，也能有這樣的氛圍。就讓我們從「愛你在心口能開」做起吧！

跋

意料之外，情理之中

二〇一五年農曆春節，我帶兒子回到北基公路汐止火車隧道口，這是我在一九七八年發生嚴重車禍的現場。幸運地撿回一命後，卻有好長一段日子拄著拐杖，連訂婚那天都無法親自進行整個訂婚儀式。重回當年險些喪命的現場，百感交集，但兒子能體會嗎？我想即使是至親如父子，依然很難體會對方一生裡所經歷的酸甜苦辣。

今年是我的六十歲生日，也是我創業三十周年。回想這一路走來，我有好多親身經歷與想說的話，要與我的家人與同事們分享。但總苦於拙口笨舌，說起來拉拉雜雜，連故事都無法娓娓道來，更難以完整表達真實的感受。

於是我做了一個在旁人看來很瘋狂的決定，我要寫一本書，將我前半生的經歷與感受，一次說個清楚。雖然寫比說難度更高，花費的時間與心力也更多，但我還是堅持要寫，因為我想達到這四個目的：

一·**自我面對**

每個大人的內心深處，都還躲著一個受傷的小孩，尤其是成長過程遇到的委屈與痛苦。在寫作本書時，很多已埋藏在我潛意識裡最深處的哀傷，都被我一瓢又一瓢的舀了出來，也才赫然發現，原來寫作有著這麼好的療癒效果。

二·**自我覺察**

天下沒有無緣無故的愛，也不會有無緣無故的恨。我們對每個人或每件事的喜愛憎惡，背後都有成因。藉由寫作，我重新回顧了前半生，綜合理出了自己思想、性格的由來。就像站在一面擦亮的鏡子前，讓我看清，也更認識了自己。

三·**自我記錄**

每個人的一生，都是一部紀錄片，身為導演的自己，必須抽離、剪接、引用、變奏。但我還是堅持，在真善美無法兼顧時，就必須以「真」作為要素，留存我人生歲月成長的足跡。

四·**自我分享**

每個孩子也都是一個老靈魂，我深信有愛的小孩不會變壞。為了鼓勵年輕朋友勇敢尋夢及築夢，累積成長能量，我寫了這本書，盼望用自己的經歷，提供青年人參考。

為了這四個目的，我將自己的經歷與座右銘，寫了之後又刪又改，並不斷排列整合，終於歸納整理出這十八個開關哲學，而我取捨的標準就是這八個字：「意料之外，情理之中」。

在我眼中，開關不只是個物品，或是個名詞而已，找出開關，這只是第一步。開關還必須是個行動，是個動詞，需要你去動手打開它。盼望你也能找到自己幸福人生的開關，並勇於去打開它！

附錄❶【林錫琦 大事記】

一九五五年	4月25日出生。
一九六三年	遇見嚴厲的「葉文美老師」，成績突飛猛進（國小三年級）。
一九六七年	初中聯考失利，進入私立天主教恆毅中學就讀。
一九六八年	鼻竇炎開刀（初中二年級）。
一九七〇年	全校第一名畢業，考進市立建國中學夜間部。 肺病治療。
一九七三年	考上中興大學經濟系，並當選班代表。
一九七四年	當選經濟系學會康樂股長。
一九七五年	當選中興大學經濟系學會理事長。參加「中興新村省訓團康輔研習」。
一九七六年	創辦經濟系第一屆『經濟週』活動。
一九七七年	中興大學畢業〈7月入伍，因生病驗退〉。
一九七八年	進入食品罐頭公司服務；車禍受傷。
一九七九年	進入國誼貿易公司服務，轉調來來飯店【現名為「台北喜來登飯店」】。
一九八〇年	11月20日結婚。

一九八五年	創立圜達實業股份有限公司。
一九八七年	一個人34天壯遊歐洲11個國家。
一九九一年	加入三重北區扶輪社。
一九九三年	設立廣東珠海「惟達」廠。
二〇〇一年	成立上海「赫雅」銷售公司。
二〇〇四年	設立江蘇蘇州「立泰」廠。
二〇〇五年	當選母校台北大學第五屆傑出校友。
二〇〇六年	成立香港「駿達」物流公司，設立江西贛州「立達」廠。
二〇〇七年	擔任台北大學經濟學系友會第十四屆理事長（~2009）。
二〇一〇年	當選中興大學第十四屆傑出校友。 設立湖南桃江「安達」廠。
二〇一一年	設立廣東中山「海榮」電鍍廠。
二〇一二年	成立日本辦事處。
二〇一三年	成立韓國辦事處。
二〇一五年	設立越南河內「盛安」廠。 30週年廠慶。

【第一名】
同心同行－而立之年再創輝煌

立泰廠／生產課／蔡　強

時光荏苒，歲月如梭，圜達集團即將迎來30歲的生日，30年征程，30年的茁壯成長；30年收穫，30年後的揚帆再起航。在此我衷心祝願我們圜達生日快樂，而立之年勇攀高峰再創輝煌。

二〇〇七年九月十七日，我帶著夢想加入了圜達的一員——立泰，開始了在圜達的心路歷程，時間在指縫中流逝，而心智卻在模糊中日漸明晰，轉眼間已度過了二千四百多個日子，對圜達從陌生到熟悉，由熟悉到清晰，由清晰再到主人翁責任感，在這每個階段、每個層次都是對圜達感恩的深入，那是情的昇華，也是意的凝結。

初到公司，就被整潔的環境、禮貌友好的氛圍、熱忱務實的文化深深的吸引，透過工作的學習摸索，發現這裡不僅是工作發展的理想之地，更是一所沒有圍牆的大學，在這裡做中學、學中覺、覺中悟已然潛移默化成為了公司文化之一，更是在這種底蘊醇厚、蓬勃朝氣的氣息中不斷提升自我，一路走來已深深感知到：無論是公司還是員工個人，都是一步一個腳印，一點一滴的積累，伴隨著集團發展的同時，員工自身的技能與思維也有長足進步，從而也實現了公司與員工的雙贏。

圜達集團通過實事求是的經營理念及點滴積累沉澱和持續改善，從30年前台北不足百人的小型企業壯大至現今兩岸三地五個工廠三千餘人的集團公司，並且這個規模還在不斷壯大中，這也印證了一句古語：不積跬步，無以至千里；不積小流，無以成江海。

過去30年，是圜達發展和榮譽的30年，但成長的道路並非總是一帆風順，其中有歡樂也有坎坷，遙想二〇〇八年末的金融海嘯席捲全球，一時讓很多體制不佳的企業如臨大敵且多數關門遷廠，面對突如其來的惡劣環境，圜達在董事長林先生的領導之下，沒有氣餒，反而是勵精圖治，通過6 Sigma、全員改善、IE推展、顧問專項改善以及現今推動的五大專案活動，圍繞品質、成本、交期、服務等核心價值持續提升，改善及優化集團體制，始終走在大環境變化的前列，在大多數企業守成時反而制定了集團發展戰略，新建跨國工廠，挑戰營業目標再創新高。

回首過去讓人沉醉及留戀，但真的勇士善於總結過去並直面未來，我們應秉持公司經營理念終身學習，在大家長林先生統籌帶領之下，團結同仁立足我們的優勢，創新理念、整合資源、持續改善，形成人才和產品的核心競爭力，圜達發展定能芝麻開花節節高，業績福利破新標，終會成為世界上最優秀的電子零組件廠。

作為圜達人，我對自己的未來充滿了希望和信心，我會繼續努力加強專業技能的學習及個人素養提升，為公司的永續發展和個人的自我實現而不懈奮鬥。

【第二名】

腳踏實地、三十而立

惟達廠／塑膠部／車烽平

中學時代，學習《論語》，子曰：「三十而立」大概意思為：三十歲時，學有根柢，有力量，非外力所不能動搖。參加工作後深思為：人到了30歲，有了自己的體系、威望，即為「立德、立言、立身、立意」，而自己所工作的圓達集團，已屹立於業界30年且更加蓬勃發展，自豪感當油然而生。

30年前，林先生帶著理想和責任創辦了圓達公司，用務實進取的精神帶領所有的員工一步步前進，平凡的腳步創造出真實的價值。

30年後，整個圓達大家庭終有所成，一路走來，站得很穩。圓達人用實幹的精神加創新的學習，取得今天的成績是「不斷成長，終身學習，成為全球最佳電子零元件廠之一。」

30年的變化是巨大的，數不清的各項專案和改善活動，都是為了同一個夢想；無法羅列的互幫互助和感恩，也都是為了同一個家園。

時間在變，唯一不變的是圓達人勤於創新、誠於品質、以廠為家、腳踏實地的精神；是經歷了三十載風風雨雨，永不言敗的精神；是以小見大，平穩發展，平凡中帶非凡的精神……

從八年前入職圓達集團惟達公司塑膠部那一刻起，即感受到成長和學習無處不在。明亮寬敞的車間裡，射出機台的種類從液壓機到電動機再到如今的微型射出機，先進和精密的程度不言而喻；機台的數量也從幾台到十幾台到現有的六十多台，承接訂單的能力毫不遜色。平日裡忙碌於高效運轉的射出機台的車間裡，伴隨著機器規律起伏的聲音，交付給下工序優良的產品孕育而生……而所有的所有，都歸功於集團給我們的平臺，感恩……

入職前，我還曾是個懵懂少年，入職後我漸漸成熟老練，有了自己的家業，從內心來講，圜達集團是我的另一個家。在這裡，我經歷了結婚生子，為人父母。多年的工作磨練了自己，多年的感恩對於圜達來講，都無以言表。或許有一天，當我的兒子懂事的時候，我會隨手拿出手機或其它電器告訴他，這裡面有爸爸做的開關，而做開關的公司名字叫做「圜達」。

展望未來，集團的開關定會遍佈全球，越賣越好，越來越強。

圜達的三十年，是開關的三十年；圜達的三十年，是全集團人幸福的三十年；圜達的三十年，是不斷崛起而立的三十年；圜達的三十年，更是另一個嶄新的起點。

三十年圜達，築夢踏實，心懷感恩；三十年集團，風雨有你，一路攜手。

為每一個在圜達集團工作的人而祝福，因為咱們一直陪伴著圜達的不斷壯大和成長。

感恩，願圜達集團的明天更美好！攜手，為圜達集團的下、下、下……個三十的精彩而乾杯！

【第三名】

我因圜達而成長

圜達廠／董事長室／葉足

回想過往，所謂的【女大十八變】應該可作為我進入圜達迄今最佳的寫照。

從高中時期半工半讀的個人公司，要轉換跑道進入百人以上企業，其實當時心情是忐忑不安，但只因自認為還年輕，未來還有漫長的路要走，應該要勇於接受不同職場的環境才會學習更多、看得更廣，更要多磨練、多體驗才能提升自我價值。

《第一次接觸…》

我是進入圜達才開始學電腦的，或許是因為當時電腦還不普遍，手工作業久了，也習慣成自然；但面對時代的進步，企業的發展，在一九九七年公司導入電腦化系統，在不得不的情況下，除了從基礎摸索，公司也提供給我外訓學習美工繪圖技能；回想這段學習路還真有些辛苦，從還是電腦白痴要聽懂、學懂技術性軟體，簡直就是鴨子聽雷，但很感激公司當時給我這個學習平台，讓自己有機會更精進並發揮所學。

《圜達人、一家人》

相信只要是圜達夥伴，對彼此都有一份濃厚的情感，會有這凝聚力的養成，我想是多年來，公司不斷舉辦大大小小如夏令營、潛能激發活力營、共識營、秋令營、挑戰營、運動會以及戶外健走登山活動等，讓我們有機會拉近彼此的距離，互動互信，樂於分享，共同創造思維，勇於挑戰。

《社團啟示錄》

大約在二〇〇五年，自己因某機緣而接觸有氧運動；在二〇〇七年底，公司因而指派我參加勞工局所舉辦的辦公室健身操課程，並對廠內進行心得分享，也利用此機會，帶動同仁親身體驗有氧的樂趣；或許當下讓人覺得新鮮好玩，陸續有同仁希望我成立社團，親自開班授課。

我真的可以嗎？完全沒這方面的歷練，我能勝任嗎？畢竟「學」和「教」是不同的領域，我考量許久，但看見同仁的熱情，我開始思索，既然自己也有想要推廣的熱忱，就不要預設太多，從此開始自研揣摩如何帶領，並告訴自己，絕對要成為非專業的專業角色，也憑著這股自信和勇氣，在二〇〇八年一月正式成立有氧社團。

公司往年也成立過很多社團，但欣慰的是有氧社至今仍堅持著，其實這六年中，有一度因活動出席狀況不佳，曾深深打擊到我想要取消這社團的念頭，但因為仍有少數相挺的夥伴，因此又令我感到可惜與不捨，在這心境糾結的同時，非常感謝林先生給了我支持的動力，推動社團活動獎勵制度來鼓勵同仁積極參與，這再次燃起我的鬥志，也期勉自己，只要有自信並全力以赴，相信這社團一定會延綿長久。

《圜達 vs 我的家》

深感幸運與珍惜，圜達舞台給我許多學習成長的機會，這也間接影響到我對家庭的經營以及教育子女的理念態度，有了很多的啟發和助益。

很榮幸成為圜達的一份子，感恩在心，更期許未來圜達繼續茁壯成長，再創佳績！

【佳作】

圜達～有你真好

圜達廠／研發部／張慧羚

圜達～我的家，在我生命成長中佔極重要位置，不知不覺中公司已邁入30週年，圜達不斷壯大，枝葉繁茂，遍地開花，我感到榮幸可以在圜達的大家庭裏與公司共同成長。

我是到了公司才開始學會應對進退整理、整頓的。

其實公司未實施「六S」前整理、整頓就已落實，剛來公司時印象最深的是每天都要打掃，而且是很落實的那種，記得那時舊廠是五樓公寓，當時我們工廠是2及3樓，但打掃樓梯是從一樓平台到五樓，我想那裏的其他住戶應該很高興，每天一進門就是乾淨的環境，那時的我並沒打掃的觀念，根本是大小姐一個，來公司後才學會了整理、整頓，並且也一併養成習慣帶入自己的家裏。

人生，是不是存在著很多不可期的驚喜？而圜達也確實擁有無限的可能性。公司總會不定期舉辦成長激勵營：第一次高空彈跳體驗，在大板根五層樓高的高台抓向目標物往下跳，其實站在高台上的我真的是腿軟，但凡事都有第一次，更沒有做不到的事，只看你有沒有決心，突破自己挑戰極限。我又證明了一件事，天底下沒有什麼事是不可能的。

塑造學習挑戰和分享的環境 不斷成長終生學習。

如果說圜達是棵大樹，那對員工的要求可不是「大樹底下好乘涼」這麼簡單，一連串安排的教育訓練、購書補助、舉辦成長營，督促員工要不斷學習與進步，就怕你原地踏步不長進，需時時思考如何把事情做得更好，不斷提升自己並樂於與他人分享自己的經驗與心得，養成終生學習的習慣，凡事做正面思考，將困難與問題均視為對自己的挑戰。

我說圜達員工真的很幸福，舉凡好用的（計步器）、好吃的（微熱山丘）、好看的（不勝枚舉的贈書、包場電影、專家演講），只要是林先生用過好的，一定分享給同仁，所以總能不定期的收到一些意外驚喜。

而圜達老闆真的辛苦，在衝業績創新高時，也不忘顧及員工健康，每年定期的健檢，每季的戶外活動，舉辦登山、全員團隊戶外訓練營，激勵同仁身心平衡與更加注意自己的健康，有時內心也會小抱怨，怎麼活動這麼多、這麼累，但反思老闆這麼忙都能抽出時間陪你做活動，你爬多高的山，走多遠的路，老闆他一樣也沒少啊。

前進的力量來自於有夢，這裏就是一個擁抱夢想的地方。

我很感恩並珍惜在圜達的生活，也以有個可敬的董事長為榮，我常想真的很幸運來到了圜達，董事長就像大家長般照顧他的員工，如果林先生是嚴父，那洪先生就是慈母，因為跟他相處就如沐春風般自在又舒適，雖然偶有囉嗦，但慈母不就這樣，反覆叮嚀關心，在圜達總是以正面思想正面能量引導我們，讓我們活出幸福。

老闆的健康是全體員工的幸福，希望二位老闆在衝業績創新高時，也要顧及自己的身體，繼續帶領我們邁向高峰，往夢想前進。

【佳作】

憶往昔—築夢未來

立泰廠／生產課／何 星

30載年復一年，有萬物復蘇的暖春，有激情澎湃的盛夏，有碩纍纍的金秋，有銀裝素裹的寒冬；30載日復一日，有烏雲密佈更有風和日麗，有疾風驟雨更有萬里長虹；30載消逝了時光也滄桑了歲月，變的是時間，不變的卻是一代圜達人在林先生的帶領下，秉持「卓越與學習，創新與挑戰，團隊與熱忱」的經營理念，在充滿機遇和挑戰的道路上滿懷希望，踏實築夢。

人，為發展之根本，人才培養在企業經營中扮演著重要的角色，集團多年來持續推行「人性化管理」，創造和諧、溫馨的工作氛圍，構建民主、自由的發展平臺，塑造學習、挑戰和分享的環境，為集團核心技術的發展和傳承，進而也為集團終極目標：成為全球最佳電子零組件廠打下堅實基礎。

只有掌握核心技術優勢，才能在瞬息萬變的大勢中立於不敗之地，技術上集團在研發、沖塑模具以及自動化設備等各領域，多年來不斷探索，積極進取，現已形成自主技術之核心競爭力；在面對供應商停止生產小蝴蝶ＬＥＤ，集團又一次在全新領域開始嘗試，最終成為全球唯一一家自製生產ＬＥＤ燈及開關，並將兩者結合成為生產ＬＥＤ開關的專業製造商。自動化設備領域，公司不斷嘗試積極開發導入視覺檢查系統等高新技術，以達省人省力化以降低成本。在通往技術巔峰的道路上，圓達人用勤奮和汗水，一次又一次征服了新的制高點。

產品，作為企業存在的價值和意義，在核心技術優勢的支持下，集團不斷推陳出新，近幾年更是以每年至少7—10項新產品的速度在迅速佔領和擴張海內外市場；從城市到鄉村，從高山到平原，從內陸到大洋彼岸，我們的產品遍佈在世界的每一個角落，雖然沒有華麗外表但卻內芯強大，每一次手指輕輕地撥動和觸碰，讓所有人離夢想更近一步。

當然，所有的成績都與公司不斷完善和創新的管理體制密不可分，數年來集團積極導入ＩＳＯ體系、6σ標準差等先進管理工具，深入推展與業內優秀企業合作，不斷優化內部管理體制，提升企業競爭力。面對09年初席捲全球的金融大海嘯，逐漸上升的人力成本等外部環境持續惡化時，集團積極因應，開源節流，在不斷推出新品佔領市場的同時，也在各製造工廠持續深入展開Costdown專案、人力精簡等一系列成本降低活動，亦已取得矚目的成效，也印證了只有積極主動持續改善，才能保證企業永續經營。

憶往昔，有汗水也有收穫，有失敗也有成功，有危機也有轉機；看今朝，我們富有激情，努力拼博；憧憬未來，我們滿懷希望，鬥志昂揚。一代圓達人正在用智慧和勤勞書寫著一篇不朽的樂章。

附錄❸ 圓達三十周年廠慶【開關徵文比賽得獎作品】

名次	廠別	得獎者	得獎作品	作品內容
第一名	立達	謝玲	天使的告白— 一個開關的自述	你的指尖　感應我的存在 你吃飯時，我為你呈上佳餚溫熱心房 你行路時，我為你敞開車門啟動導航 你聯絡時，我為你打開手機撥通號碼 你入睡時，我為你收緊燈光暖和夢鄉 你的舞臺，總有我的角色 只因我，是上帝派來的天使 陪伴你，守候你 一開一關　一生一世
第二名	圓達	江孟祝	開關	開啟一天無窮的便利 觸動瞬間永恆的美麗 滑動頃刻智慧的聯繫 轉動千古遙遠的距離 天啊~教人如何能夠沒有你
第三名	東莞辨	陳繼聰	開關世界	開，代表著新的啟程，路上總能看見人們勇往直前的身影。關，代表著舊的結束，路雖艱難卻不會失去人們對將來的期盼。開與關是相輔相成地存在這個世界中，開關是維持世界運轉的關鍵，更是人與人之間心靈溝通的橋樑。

佳作	立泰	余冬梅	世界的 Hero	一開，指撥間你是那麼果斷地帶來了「全世界」 一關，觸動間你又是那麼決然地帶走了「全世界」 你就是這麼乾脆俐落、卻也不露聲色地成全了別人的「英雄」 你形態各異、多彩多姿，卻堅守初始的衷心。 未來的你——輕薄短小，千變萬幻 但低調地、精湛地戰鬥在每一個角落，為世人奉獻上更加智慧精彩的世界。
佳作	立泰	何　星	開關之間	物理學家說：關是黑暗而開是光明； 戰爭學家說：關是破釜沉舟、絕地反擊而開是乘勝追擊、所向披靡； 歷史學家說：關是回味悠長的歷史而開是織就錦繡的未來； 圜達人說：開關是我們值得眷念的過去，努力拼搏的現在，輝煌燦爛的未來！
佳作	圜達	詹俊清	依存	藏身在你看不到的那個地方， 靜靜等待著你來觸發我， 可以熱情的跳躍或柔順的擺動， 也可以對你微笑點點頭或搖搖頭， 在你需要的時候為你發光與旋轉， 我的世界因你而存在，你的世界因我而連結， 我們是如此的在指尖互依互存， 也無聲的知道讓你知道，我的單純與複雜。

佳作	立泰	丁婷婷	一個開始，一個結束	彈指一劃，輕按點壓，「世界工廠」動起來了！ 誰控制著這個龐大工廠的運作？ 他——其貌不揚，孤僻低調。 就這樣，被大家忽視掉。 可他，依舊默默堅守著， 堅守著，每一個開始，每一個結束。 這就是他，一個開關的使命。
佳作	圜達	陳芳菲	我眼中的「開關」	你如此的平凡，卻如此的重要，你從不是生活的主角，生活中的大小事卻不能離開你，只要觸動你，當我需要光線來照亮，你便給我光亮，當我需要黑暗來沉澱自己，你便讓我獨處，你是最鮮嫩的綠葉、最有味的甘草；你是我從未聚焦的夥伴、也是從未離開過的朋友。
佳作	立達	肖志雲	調節開關	「世界很大，我們很小； 假使我們不出去走走，以為自己就是世界； 給我一個開關，我可以打開另一個世界， 其實，我們的生活缺少一個調節的開關， 只要有勇氣打開， 就會發現一個更廣闊的世界。」

國家圖書館出版品預行編目資料

開關人生／林錫埼 著. --第一版.
--臺北市：文經社，2015.04
面； 公分 . --（文經文庫；317）
ISBN 978-957-663-738-4（平裝）
1.林錫埼 2.企業家 3.臺灣傳記

490.9933 104004604

文經社

文經社網址 http://www.cosmax.com.tw/
www.facebook.com/cosmax.co 或「博客來網路書店」查詢文經社。

文經文庫 317

開關人生

著 作 人一林錫埼 文字整理一管仁健
發 行 人一趙元美
社 長一吳榮斌
主 編一管仁健
美術設計一王小明
出 版 者一文經出版社有限公司
登 記 證一新聞局局版台業字第2424號
社 址一241-58 新北市三重區光復路一段61巷27號11樓（鴻運大樓）

＜編輯部＞：
電 話一（02）2278-3338
傳 真一（02）2278-2227
E-mail一 cosmax.pub@msa.hinet.net

＜業務部＞：
電 話一（02）2278-3158
傳 真一（02）2278-3168
E-mail一 cosmax27@ms76.hinet.net
郵撥帳號一 05088806 文經出版社有限公司

印 刷 所一通南彩色印刷有限公司
法律顧問一鄭玉燦律師 （02）2915-5229
發 行 日一2015年 5 月第一版 第 1 刷

定價／新台幣 300 元

Printed in Taiwan